数据分析轻松进阶：
从Excel到Python和R

Advancing into Analytics:
From Excel to Python and R

[美] 乔治·芒特 (George Mount) 著

彭青松 译

Beijing · Boston · Farnham · Sebastopol · Tokyo

O'Reilly Media, Inc.授权人民邮电出版社有限公司出版

人民邮电出版社
北　京

图书在版编目（CIP）数据

数据分析轻松进阶：从 Excel 到 Python 和 R ／（美）乔治·芒特（George Mount）著；彭青松译. -- 北京：人民邮电出版社，2024. -- ISBN 978-7-115-64776-4

Ⅰ．O212.1

中国国家版本馆 CIP 数据核字第 2024LZ7320 号

内 容 提 要

　　初入数据分析世界的你是否不知从何学起？本书为你绘制了一条从 Excel 轻松进阶到 R 和 Python 的平坦路线。你将学习如何使用 R 和 Python 这两种常用的数据编程语言进行探索性数据分析和假设检验，并在学习过程中获得实践经验。本书分为三大部分，共计 14 章。在第一部分中，你将使用 Excel 学习统计学概念，并为数据分析奠定基础。在第二部分和第三部分中，你将了解如何把已学的 Excel 数据分析知识分别迁移到 R 和 Python 中。本书提供丰富的代码示例和"开箱即用"的数据集，有助于你在初涉数据分析领域时轻松向前迈进一大步。

　　本书适合有一定的 Excel 经验且希望进一步学习数据分析的读者阅读。

　◆　著　　　 [美] 乔治·芒特（George Mount）
　　　译　　　 彭青松
　　　责任编辑　谢婷婷
　　　责任印制　胡　南

　◆　人民邮电出版社出版发行　　北京市丰台区成寿寺路11号
　　　邮编　100164　电子邮件　315@ptpress.com.cn
　　　网址　https://www.ptpress.com.cn
　　　北京隆昌伟业印刷有限公司印刷

　◆　开本：800×1000　1/16
　　　印张：13.25　　　　　　　　　2024年7月第1版
　　　字数：306千字　　　　　　　 2024年7月北京第1次印刷
　　　著作权合同登记号　图字：01-2021-4205号

　　　　　　　　　　　定价：79.80元
读者服务热线：(010)84084456-6009　印装质量热线：(010)81055316
　　　　　　　　反盗版热线：(010)81055315
　　广告经营许可证：京东市监广登字 20170147 号

版权声明

O'Reilly Media, Inc.介绍

O'Reilly以"分享创新知识、改变世界"为己任。40多年来我们一直向企业、个人提供成功所必需之技能及思想,激励他们创新并做得更好。

O'Reilly业务的核心是独特的专家及创新者网络,众多专家及创新者通过我们分享知识。我们的在线学习(Online Learning)平台提供独家的直播培训、互动学习、认证体验、图书、视频等,使客户更容易获取业务成功所需的专业知识。几十年来O'Reilly图书一直被视为学习开创未来之技术的权威资料。我们所做的一切是为了帮助各领域的专业人士学习最佳实践,发现并塑造科技行业未来的新趋势。

我们的客户渴望做出推动世界前进的创新之举,我们希望能助他们一臂之力。

业界评论

"O'Reilly Radar博客有口皆碑。"

——*Wired*

"O'Reilly凭借一系列非凡想法(真希望当初我也想到了)建立了数百万美元的业务。"

——*Business 2.0*

"O'Reilly Conference是聚集关键思想领袖的绝对典范。"

——*CRN*

"一本O'Reilly的书就代表一个有用、有前途、需要学习的主题。"

——*Irish Times*

"Tim是位特立独行的商人,他不光放眼于最长远、最广阔的领域,并且切实地按照Yogi Berra的建议去做了:'如果你在路上遇到岔路口,那就走小路。'回顾过去,Tim似乎每一次都选择了小路,而且有几次都是一闪即逝的机会,尽管大路也不错。"

——*Linux Journal*

目录

第二部分　从 Excel 到 R

第三部分　从 Excel 到 Python

前言

你即将踏上一段重要且值得称赞的学习之旅，并学习统计学、编程等诸多方面的知识。在开启旅程之前，我想花一些时间为你介绍学习目标、我的写作初衷，以及你通过阅读本书能学到什么。

学习目标

学完本书，你应该能够**使用程序设计语言进行探索性数据分析和假设检验**。探索和检验变量之间的关系是数据分析的核心。本书介绍的工具和框架将为你继续学习更高级的数据分析技术打下基础。

我们将使用 Excel、R 和 Python，它们是功能强大的工具，并且可以让学习过程实现无缝衔接。对于包括我在内的数据分析师来说，虽然从使用电子表格到编程的转变很常见，但很少有书涉及这种转变。

先决条件

为了实现上述目标，本书做了一些关于技术的假设。

技术要求

本书是我在 Windows 计算机上用 Office 365 桌面版完成的。只要你的计算机安装了适用于 Windows 或 macOS 的 Excel 2010 或更高版本的付费版，你就应该能够按照本书中的大部分说明进行操作，不过可能会在数据透视表和数据可视化方面发现一些细微的区别。

 虽然 Excel 分为免费版和付费版，但你需要使用付费桌面版才能实现本书介绍的一些功能。

R 和 Python 都是可用于所有主流操作系统的免费开源工具。我在后文中将介绍如何安装它们。

技术知识要求

本书假定你没有学过 R 或 Python。不过，你需要对 Excel 有一定的了解。

你应该熟悉以下 Excel 主题：

- 绝对引用、相对引用和混合单元格引用；
- 条件逻辑和条件聚合（IF、SUMIF、SUMIFS 等）；
- 组合数据源（VLOOKUP、INDEX、MATCH 等）；
- 使用数据透视表对数据进行排序、筛选和聚合；
- 基本绘图（条形图、折线图等）。

如果你想在正式开始阅读本书之前围绕这些主题做更多练习，我建议你阅读由 Michael Alexander 等人撰写的书 *Excel 2019 Bible*。

写作初衷

与许多同行一样，我的数据分析之路也很曲折。在学校里，数学是我不愿面对的科目，因为太多内容似乎完全是纯理论的。但有一些统计学和计量经济学的课程引起了我的兴趣。把数学**应用**到某个具体的领域中，这确实是很好的做法。

我对统计学接触得很少。我就读的是一所文理学院，在那里，我习得了扎实的写作和思考能力，但关于量化的知识涉及得很少。当得到第一份全职工作时，我被需要管理的数据的深度和广度吓坏了。这些数据大多在电子表格中，如果不进行严格的清理和准备，很难从中获得价值。

"数据整理"工作是在意料之中的。据《纽约时报》报道，数据科学家花费 50% ~ 80% 的时间准备待分析的数据。但我想知道是否有更高效的方法来清理、管理和存储数据。如果有，我就可以花更多的时间来**分析**数据。毕竟，我偏爱统计分析，但不太喜欢手动做那些容易出错的电子表格数据准备工作。

因为喜欢写作（这得感谢我的文科学位），所以我开始通过写博客来分享自己在 Excel 中学到的技巧。通过我的努力，该博客获得了关注，我把我在事业上的成功归功于它。欢迎访问我的博客（Stringfest Analytics），我会定期发布关于 Excel 和数据分析的文章。

随着对 Excel 有了更深入的了解，我对其他数据分析工具和技术也产生了浓厚的兴趣。至此，开源程序设计语言 R 和 Python 在数据世界中获得了极大的普及。但是，当努力掌握这些语言时，我发现自己走了一些不必要的弯路。

"Excel不好，代码好"

我注意到，对于 Excel 用户来说，大多数关于 R 或 Python 的培训听起来像这样：

> 一直以来，你都在使用 Excel，而你本应该写代码。看看 Excel 造成的所有这些问题吧！是时候彻底改掉这个习惯了。

这种态度是错误的，原因如下。

这种说法不准确

在程序设计语言和电子表格之间做选择常常被人描述成一种善与恶的斗争。然而在现实中，最好将它们视为互补的工具，而不是替代工具。电子表格在数据分析中占有一席之地，程序设计语言亦如此，学习和使用其中一个并不应否定另一个。第 5 章会讨论这种关系。

这是一种糟糕的教学方法

Excel 用户能直观了解如何处理数据：他们可以对数据进行排序、筛选、分组和连接。他们知道哪些操作便于数据分析，而哪些操作意味着需要大量清理工作。这是需要储备的知识财富。好的教学方法可以弥补电子表格和程序设计语言之间的差距。遗憾的是，大多数教学方法无法承担这个桥梁角色。

研究表明，将你所学到的与你已经知道的联系起来是非常有效的。正如 Peter C. Brown 等人在《认知天性：让学习轻而易举的心理学规律》一书中所说：

> 你越能解释新知识与已掌握知识之间的联系，你对新知识的掌握就会越牢固。你建立的联系越多，就越容易记住这些新知识。

作为 Excel 用户，当你被（错误地）告知你已经掌握的是垃圾知识时，你将很难把新知识与你已经知道的联系起来。本书采用一种不同的方法——以你之前对电子表格的了解为基础，这样当进入 R 和 Python 的世界时，你就会有一个清晰的框架。

 电子表格和程序设计语言都是有价值的数据分析工具。即使学会了 R 和 Python，你也没有必要放弃 Excel。

Excel的指导效益

事实上，Excel 是独特且神奇的数据分析教学工具。

它减少了认知开销

认知开销是指理解某事所需的逻辑连接或跳跃的数量。数据分析的学习过程通常是这样的：

1. 学习一种全新的技术；
2. 学习如何使用全新的**编程**技术来实现全新的技术；
3. 学习更先进的技术，但从不认为自己已经掌握了基础知识。

学习数据分析的概念基础已经够难了。在学习如何编程的同时学习数据分析的概念基础会带来极大的认知开销。出于我将讨论的原因，通过编程实践数据分析有明显的优点，但最好分开掌握这些技能。

它是一个可视化计算器

第一个面向大众市场的电子表格产品被称为 VisiCalc，其字面意思是可视化计算器。这个名字体现了该应用程序最重要的一个卖点。特别是对初学者来说，程序设计语言可以是"黑箱"——输入魔语，单击"运行"按钮，即可得到运行结果。这个应用程序得到的结果很可能是对的，但初学者很难打开"黑箱"并理解它为什么能够运行（或者更重要的是，为什么不能运行）。

相比之下，Excel 可以让你观察数据分析过程中的每一步。它可以让你直观地计算和重新计算。你将在 Excel 中构建演示结果，以可视化关键的数据分析概念，而不仅仅是听我讲解（或使用一种程序设计语言）。

 Excel 提供了学习数据分析基础知识的机会，你无须同时学习新的程序设计语言。这大大减少了认知开销。

全书总览

既然你已经了解了本书的宗旨和目标，让我们来看看内容结构。

第一部分 Excel 数据分析基础

数据分析站在统计学的肩膀上。在该部分中，你不仅会学习如何使用 Excel 探索和检验变量之间的关系，还将使用 Excel 对统计学和数据分析中的一些重要概念进行颇具说服力的演示。掌握统计理论和数据分析框架的知识将为数据编程奠定坚实的基础。

第二部分 从 Excel 到 R

既然你已经熟练掌握了数据分析的基础知识，是时候学习一两种程序设计语言了。我们将从 R 开始，这是一种专门为统计数据分析而构建的开源语言。你将看到如何将你所学到的有关使用 Excel 数据的知识迁移到 R 中。我将以 R 中的一个端到端的里程碑式练习来结束该部分。

第三部分 从 Excel 到 Python

Python 是另一种值得学习如何用于数据分析的开源语言。本着与第二部分相同的精神，你将学习如何把关于 Excel 数据的知识迁移到 Python 中，并进行完整的数据分析。

章末练习

在读书时，我往往会跳过章末练习，因为我认为保持阅读的动力更有价值。**请不要学我这种坏习惯哦！**

在许多章的末尾，我会提供机会来帮助你巩固所学知识。你可以在随书文件包[1]中的 exercise-solutions 文件夹中找到这些习题的标准答案，文件以每章的编号命名。完成这些练习，然后将求解结果与标准答案进行比较。这样做，你将加深对本书的理解，同时为我提供一个很好的榜样。

学习最好积极主动。如果不把你学到的知识立即付诸实践，你很可能会忘记。

这不是冗长的学习清单

我喜欢数据分析的一点是，几乎总是有多种方法来做同一件事。当你熟悉一种方法时，我很可能会演示如何用另一种方法做某事。

本书的重点是将 Excel 作为数据分析教学工具，并帮助你把数据分析知识迁移到 R 和 Python 中。如果我一股脑儿地把完成给定数据清理任务或数据分析任务所需的方法都列出来，那么本书将与它的目标背道而驰。

你可能更喜欢以不同的方式做某事，我甚至可能同意你的看法，即在不同的情况下，有更好的方法。然而，考虑到本书的目标，我决定介绍某些技术，而舍弃其他技术。否则，本书可能会变成一本乏味的操作手册，而不是进入数据分析领域的有效指南。

不要惊慌

作为本书的作者，我希望你觉得我平易近人。我对本书读者提出的一条原则是：**不要惊慌！** 这里的学习曲线固然陡峭，因为你不仅要探索概率论和统计学，还要探索**两种程序设计语言**。本书将向你介绍统计学、计算机科学等方面的概念。它们最初可能不和谐，但随着时间的推移，你会开始将其内化，允许自己通过试错来学习。

注 1：请访问图灵社区，免费下载随书文件包：ituring.cn/book/2973。——编者注

我完全相信，凭借对 Excel 的了解，你一定能轻松读完本书。当然，你可能会遇到困难，我们每个人都会遇到，不要让这些时刻掩盖了你在书中真正取得的进步。

准备好了吗？我们第 1 章见。

排版约定

本书使用下列排版约定。

黑体字

表示新术语或重点强调的内容。

等宽字体（constant width）

表示程序片段，以及正文中出现的变量名、函数名、数据库、数据类型、环境变量、语句和关键字等。

　该图标表示提示或建议。

　该图标表示一般性注记。

　该图标表示警告或警示。

使用示例代码

随书文件包（示例代码、练习等）可从图灵社区下载。[2]

下载随书文件包后，你可以在计算机上解压缩。该文件包中有每章的脚本和工作簿的完整副本。本书所需的所有数据集都位于 datasets 文件夹中，其中包括数据来源及收集和清理这些数据集所采取的步骤。我建议你复制这些 Excel 工作簿，而不是直接对其进行操作，因为

注 2：请访问图灵社区，免费下载随书文件包：ituring.cn/book/2973。——编者注

操作源文件可能会影响后续步骤。章末练习的所有标准答案都可以在 exercise-solutions 文件夹中找到。

如果在使用示例代码的过程中遇到任何技术上的问题或疑问，请发邮件至 errata@oreilly.com.cn。

本书旨在帮助你完成工作。一般来说，你可以在自己的程序或文档中使用本书提供的示例代码。除非需要复制大量代码，否则无须联系我们获得许可。比如，使用本书中的几个代码片段编写程序无须获得许可，销售或分发 O'Reilly 图书的示例光盘则需要获得许可；引用本书中的示例代码回答问题无须获得许可，将本书中的大量示例代码放到你的产品文档中则需要获得许可。

我们很希望但并不强制要求你在引用本书内容时加上引用说明。引用说明一般包括书名、作者、出版社和 ISBN，比如 "*Advancing into Analytics: From Excel to Python and R* by George Mount (O'Reilly). Copyright 2021, 978-1-492-09434-0"。

如果你对示例代码的用法超出了上述许可范围，欢迎你通过 permissions@oreilly.com 与我们联系。

O'Reilly在线学习平台（O'Reilly Online Learning）

O'REILLY®　40 多年来，O'Reilly Media 致力于提供技术和商业培训、知识和卓越见解，来帮助众多公司取得成功。

我们拥有独特的由专家和创新者组成的庞大网络，他们通过图书、文章和我们的在线学习平台分享他们的知识和经验。O'Reilly 在线学习平台让你能够按需访问现场培训课程、深入的学习路径、交互式编程环境，以及 O'Reilly 和 200 多家其他出版商提供的大量文本资源和视频资源。有关的更多信息，请访问 https://www.oreilly.com。

联系我们

请把对本书的评价和问题发给出版社。

美国：

O'Reilly Media, Inc.
1005 Gravenstein Highway North
Sebastopol, CA 95472

中国：

北京市西城区西直门南大街 2 号成铭大厦 C 座 807 室（100035）
奥莱利技术咨询（北京）有限公司

O'Reilly 的每一本书都有专属网页，你可以在那儿找到本书的相关信息，包括勘误表[3]、示例代码及其他信息。本书的网页是 https://oreil.ly/advancing-into-analytics。

要了解更多 O'Reilly 图书、培训课程和新闻的信息，请访问以下网站：https://www.oreilly.com。

我们在 Facebook 的地址如下：http://facebook.com/oreilly。

请关注我们的 Twitter 动态：http://twitter.com/oreillymedia。

我们的 YouTube 视频地址如下：http://www.youtube.com/oreillymedia。

致谢

首先，我要感谢上天给我这个机会来分享我的知识。在 O'Reilly，我与 Michelle Smith 和 Jon Hassell 合作得非常愉快，我将永远感激他们邀请我写书。Corbin Collins 一直鼓励我保持写作动力。Danny Elfanbaum 和出版团队把原稿变成了一本真正的书。Aiden Johnson、Felix Zumstein 和 Jordan Goldmeier 提供了宝贵的技术评论。

让人们阅读一本书并不容易，所以我必须感谢 John Dennis、Tobias Zwingmann、Joe Balog、Barry Lilly、Nicole LaGuerre 和 Alex Bodle 的评论。我还想感谢提供书中所述技术和知识的社区，大家通常都在无私奉献。通过数据分析研究，我结交了一些很棒的朋友，他们一直在付出时间和分享智慧。我在 Padua Franciscan 高中和 Hillsdale 学院的老师让我爱上了学习和写作。我怀疑如果没有他们的影响，我根本写不出本书。

我也感谢我的父母给予我的爱和支持，这是我非常荣幸拥有的。最后，感谢我的爷爷：感谢您与我分享辛勤工作和体面的价值。

电子书

扫描如下二维码，即可购买本书中文版电子书。

注3：也可以通过图灵社区提交中文版勘误：ituring.cn/book/2973。——编者注

第一部分

Excel数据分析基础

第 1 章

探索性数据分析入门

"你永远也不知道什么会从那扇门进来。"这是 Rick Harrison 在热播节目《典当之星》开场白中说的话。数据分析也是如此：面对新的数据集，你永远也不知道会有什么新的发现。本章介绍如何**探索**和**描述**数据集，以便我们知道应当针对数据提什么问题。这个过程称为**探索性数据分析**（exploratory data analysis，EDA）。

1.1 什么是探索性数据分析

美国数学家 John Tukey 在 *Exploratory Data Analysis* 一书中介绍了探索性数据分析的用法。他强调，数据分析人士需要首先**探索**可能用于研究数据的相关问题，然后才开始用假设检验和推断统计等方法来**确定**答案。

探索性数据分析经常被比作对数据进行"访谈"，这是数据分析师了解和学习数据有什么有趣特征的过程。在"访谈"过程中，我们将开展以下工作：

- 将变量分为连续变量、分类变量等；
- 使用描述性统计量对变量进行总结；
- 使用图表对变量进行可视化。

与探索性数据分析有关的工作很多，下面我们用 Excel 和一个真实的数据集来了解这个过程。这个数据集在 star.xlsx 工作簿中。请下载并打开随书文件包，你可以在 datasets 文件夹的 star 子文件夹中找到该工作簿。该数据集是为了研究班级规模对考试成绩的影响而收集的。对于本例和其他基于 Excel 的演示，我建议你按照以下步骤对原始数据进行处理。

1. 把文件复制一份作为备份，确保原始数据文件不会被改变。我们稍后将把这些 Excel 文件导入 R 或 Python 中，因此对数据集的任何更改都会影响导入结果。

2. 添加名为 id 的索引列，对数据集的每一行进行编号，即第 1 行的 ID 是 1，第 2 行的 ID 是 2，以此类推。这可以在 Excel 中快速完成，方法是在列的前几行中输入数字，然后突出显示整列，并使用自动快速填充功能完成选择。在活动单元格的右下角找到一个小正方形，将鼠标悬停在上面，直到看到一个小加号，然后一直向下拉，填充剩余的区域。添加此索引列有助于按组分析数据。

3. 最后，选择区域中的任何单元格，在菜单栏依次单击"插入→表格"，将结果数据集转换为表格。对于该操作，Windows 的快捷键是 Ctrl+T，macOS 的快捷键是 Cmd+T。如果表格有标题，那么请确保勾选"表包含标题"选项。使用表格有很多好处，其中最重要的一点是它美观。此外，还可以在表格操作中按名称引用列。

为表格指定一个名称。单击表格中的任意位置，然后在菜单栏中选择"设计"选项卡。你可以在"属性"一栏中看到"表名称"，如图 1-1 所示。

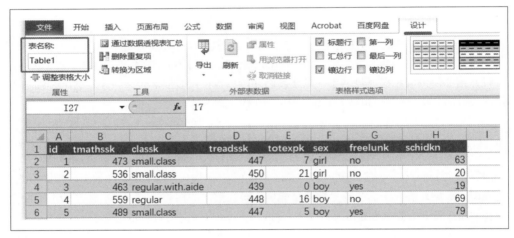

图 1-1：指定表名称

如果想在 Excel 中分析其他数据集，那么执行前几个分析步骤将是很好的做法。对于 star 数据集来说，完成的表格应该如图 1-2 所示。把表格命名为 star，该数据集以行列形式呈矩形排列。

你可能已有丰富的数据处理经验，知道这是一个理想的分析情形。有时，需要清理数据以使其达到想要的状态，本书在后面将讨论数据清理操作。但现在，我们假定数据已经完整，开始介绍数据和探索性数据分析。

在数据分析中，我们通常将**行**称为**观测值**，将列称为**变量**。接下来让我们探讨这些术语的含义。

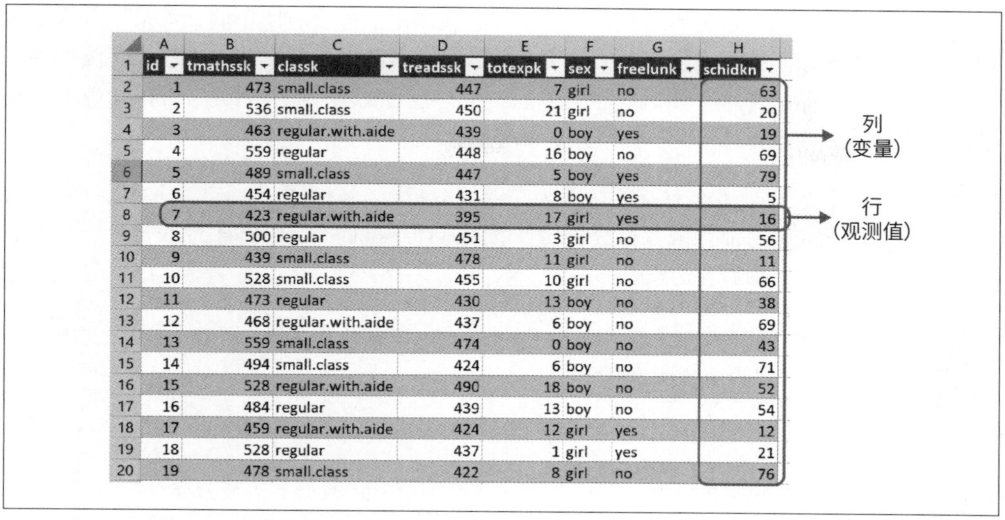

	A	B	C	D	E	F	G	H
1	id	tmathssk	classk	treadssk	totexpk	sex	freelunk	schidkn
2	1	473	small.class	447	7	girl	no	63
3	2	536	small.class	450	21	girl	no	20
4	3	463	regular.with.aide	439	0	boy	yes	19
5	4	559	regular	448	16	boy	no	69
6	5	489	small.class	447	5	boy	yes	79
7	6	454	regular	431	8	boy	yes	5
8	7	423	regular.with.aide	395	17	girl	yes	16
9	8	500	regular	451	3	girl	no	56
10	9	439	small.class	478	11	girl	no	11
11	10	528	small.class	455	10	girl	no	66
12	11	473	regular	430	13	boy	no	38
13	12	468	regular.with.aide	437	6	boy	no	69
14	13	559	small.class	474	0	boy	no	43
15	14	494	small.class	424	6	boy	no	71
16	15	528	regular.with.aide	490	18	boy	no	52
17	16	484	regular	439	13	boy	no	54
18	17	459	regular.with.aide	424	12	girl	yes	12
19	18	528	regular	437	1	girl	yes	21
20	19	478	small.class	422	8	girl	no	76

图 1-2：以行列形式呈矩形排列的 star 数据集

1.1.1 观测值

star 数据集共有 5748 行，每一行都是单独的观测数据。在本例中，观测值是关于学生的数据，不过观测值也可以是从单个公民到整个国家的任何数据。

1.1.2 变量

每一列都提供了有关观测值的独特信息。举例来说，在 star 数据集中，可以找到每个学生的阅读成绩（`treadssk`）和学生所在班级的类型（`classk`）。这些值称为**变量**。表 1-1 描述了 star 数据集中各列的含义。

表1-1：star数据集中的变量

变量名	描　　述
`id`	唯一标识符 / 索引列
`tmathssk`	数学成绩
`treadssk`	阅读成绩
`classk`	班级类型
`totexpk`	教师教龄
`sex`	性别
`freelunk`	免费午餐资格
`schidkn`	学区编号

它们之所以称为变量，是因为它们的值在不同的观测中可能会有所不同。如果记录的每个观测结果都返回相同的观测值，那么就没有什么可分析的了。每个变量都能为观测提供完全不同的信息。即使在这个相对较小的数据集中，也有文本、数字和是 / 否语句等多种变量。有些数据集可能会有几十个甚至几百个变量。

对这些变量类型进行分类是有益的，因为在继续分析时，分类结果将非常重要。请记住，分类结果有些主观，可能会因数据分析的目的和具体情况而改变。探索性数据分析和其他类型的数据分析通常都具有迭代性。

 就像大部分数据分析一样，对变量进行分类是建立在经验法则之上的，有些主观，且没有硬性的标准。

我们讨论图 1-3 所示的变量类型，然后基于这些类型对 star 数据集进行分类。

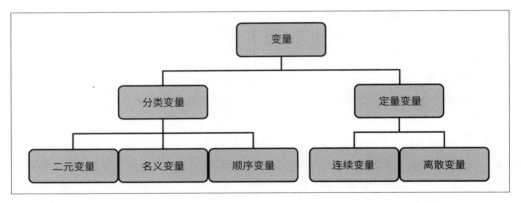

图 1-3：变量类型

这里没有涉及更多类型的变量，比如，我们不会考虑定距数据和定比数据之间的差异。要更详细地了解变量类型，请参阅 Sarah Boslaugh 所著的 *Statistics in a Nutshell* 第 2 版。现在让我们沿着图 1-3，往下从左向右看。

1. 分类变量

分类变量有时被称为**定性变量**，它描述了观测数据的质量或特征。分类变量回答的一个典型问题是："数据属于哪一类？"分类变量通常用非数值表示，不过实际情况并非总是如此。

分类变量的一个例子是原产国。与任何其他变量一样，它可能具有不同的值（美国、芬兰等），但我们无法对它进行定量比较，如印度尼西亚的两倍是多少。分类变量所采用的任何唯一值都被称为该变量的**级别**。比如，原产国的 3 个级别可以是美国、芬兰和印度尼西亚。

因为分类变量描述的是观测数据的定性信息而非定量信息，所以对这些数据的许多定量操作是不适用的。举例来说，我们不能计算原产国的**均值**，但可以通过计算来确定**最常见的**原产国，或者计算每个级别的总体频率。

可以通过采取多少级别，以及这些级别的排名顺序是否有意义，来进一步区分分类值。

二元变量只能有两个级别。通常，尽管情况并非总相同，但可以把二元变量表示为"是"或"否"。二元变量的一些示例如下所示。

- 是否已婚（是或否）
- 是否购买（是或否）
- 葡萄酒类型（红葡萄酒或白葡萄酒）

对于葡萄酒类型，我们假设只对红葡萄酒和白葡萄酒感兴趣。但是如果还想分析桃红葡萄酒，该怎么办呢？在这种情况下，我们不能再用二元变量来分析所有 3 个级别的数据。

任何具有不止两个级别的定性变量都是名义变量，举例如下。

- 原产国（美国、芬兰、印度尼西亚等）
- 最喜欢的颜色（橙色、蓝色、褐红色等）
- 葡萄酒类型（红葡萄酒、白葡萄酒、桃红葡萄酒）

注意，像 ID 这样的变量是用数字表示的分类变量：虽然可以取一个平均 ID，但这个数字是没有意义的。重要的是，名义变量没有**内在顺序**。举例来说，红色作为一种颜色，其排列顺序不会高于或低于蓝色。既然内在顺序并不一定很清楚，那么让我们来看看它的一些使用示例。

顺序变量有两个以上的级别，这些级别之间有内在顺序。下面是顺序变量的一些例子。

- 饮料尺寸（小杯、中杯、大杯）
- 年级（大一、大二、大三、大四）
- 工作日（周一、周二、周三、周四、周五）

此处有一些约定俗成的排序规则，比如大四高于大一。但是，我们不能随意地对红色与蓝色进行排序。即使可以对这些级别进行**排序**，我们也不一定能够量化它们之间的**距离**。比如，小杯饮料和中杯饮料之间的尺寸差异可能与中杯饮料和大杯饮料之间的尺寸差异不同。

2. 定量变量

定量变量描述了一个可测量的观测值。它回答的典型问题是："值是多少？"定量变量几乎总是用数来表示。可以根据定量变量所取的数值对其进行进一步的区分。

理论上，**连续变量**的观测值可以有无数个。这听起来很复杂，但连续变量在自然界中很常见，举例如下。

- 高度（如果取值范围是 59 厘米 ～ 75 厘米，那么观测值可以是 59.1 厘米、74.9 厘米或介于两者之间的任何其他值）
- pH 值
- 表面积

因为可以对连续变量的观测值进行定量比较，所以我们可以进行更全面的分析。举例来说，取连续变量的均值是有意义的，而对分类变量取均值则是无意义的。本章稍后将介绍如何通过在 Excel 中查找连续变量的描述性统计量来对连续变量进行分析。

离散变量的观测值只能取任意两个值之间固定数量的可数值。离散变量在社会科学领域和商业领域中非常常见，举例如下。

- 家庭成员数（在 1 ～ 10 的范围内，值可以是 2 或 5，但不能是 4.3）
- 售出的商品数目
- 森林中的树木数量

通常，当处理具有多个级别或多个观测值的离散变量时，我们将它们视为连续变量，以便进行更全面的统计分析。比如，你可能听说过美国家庭平均有 1.93 个孩子，但没有一个家庭真如此。毕竟，孩子的个数是**离散变量**。然而，该说法可以有效地表示典型的美国家庭中一般会有多少孩子。

不仅如此，在更高级的数据分析中，我们通常还会重新计算变量并将变量混合。比如，可以对变量进行**对数变换**，使其符合给定的假设，或者可以使用**降维**方法将许多变量提取为较少的变量。不过，这些技巧超出了本书的范围。

1.2　演示：对变量进行分类

利用目前所学的知识，我们来用图 1-3 所示的类型对 star 数据集的变量进行分类。不要犹豫，你应该仔细研究数据。这里介绍一种简单方法，本章稍后将对此进行更详细的介绍。

一种快速了解变量类型的方法是计算不同值的数量。这可以在 Excel 中通过筛选功能来完成。如图 1-4 所示，通过单击变量 sex 旁边的下拉箭头，你会发现它只有两个值。你认为它可能是什么类型的变量？花些时间用该方法研究一下，也可以试试其他方法。

图 1-4：使用筛选功能查看变量有多少个值

表 1-2 解释了如何对该数据集中的变量进行分类。

表1-2：对star数据集中的变量进行分类

变量名	描　　述	是分类变量还是定量变量	变量类型
id	唯一标识符 / 索引列	分类变量	名义变量
tmathssk	数学成绩	定量变量	连续变量
treadssk	阅读成绩	定量变量	连续变量
classk	班级类型	分类变量	名义变量
totexpk	教师教龄	定量变量	离散变量
sex	性别	分类变量	二元变量
freelunk	免费午餐资格	分类变量	二元变量
schidkn	学区编号	分类变量	名义变量

在所有这些变量中，某一些更容易分类，例如 classk 和 freelunk；其他的则不那么容易分类，例如 schidkn 和 id。schidkn 和 id 是用数字表示的，但无法进行定量比较。

用数字表示的变量并不一定就是定量变量。

在 star 数据集中，只有 3 个定量变量：tmathssk、treadssk 和 totexpk。可将前两个归为连续变量，并将最后一个归为离散变量。为了解释这样做的原因，我们先以教师教龄 totexpk 为例进行说明。所有这些观测值都用从 0 到 27 的整数表示，因为该变量取有限数量的可数值，所以我们把它归为离散变量。

虽然数学成绩 tmathssk 和阅读成绩 treadssk 也是用整数表示的，但是这里的成绩不能是 528.5 分，只能是 528 分或 529 分。从这方面来说，它们是离散的。但由于这些分数可能具有许多独特的值，因此在实践中，将它们归为连续值是合理的。

你可能会惊讶地发现，对于数据分析这样一个严格的领域，几乎没有硬性规定。

1.3　小结：变量类型

对变量进行分类的方式会影响我们在分析数据时对变量的处理方式。举例来说，我们可以计算连续变量的均值，但不能计算名义变量的均值。同时，我们经常为了权宜之计而改变规则，比如取一个离散变量的平均数，这样一个美国家庭平均就拥有了 1.93 个孩子。

随着数据分析的深入，我们可能会决定改变更多的规则，对变量重新进行分类，或者构建新的变量。记住，探索性数据分析是一个不断改进的过程。

 处理数据和变量是一个不断改进的过程。根据在数据分析过程中发现的问题，以及我们希望通过分析数据解决的具体问题，我们对变量进行分类的方式可能会改变。

1.4　在Excel中探索变量

接下来，我们用**描述性统计量**和**可视化工具**来探索 star 数据集。尽管可以在 R 或 Python 中执行相同的步骤并获得一致的结果，但我们将在 Excel 中执行此数据分析任务。读完本书后，你将能够使用这 3 种方法进行探索性数据分析。

我们将从 star 数据集的分类变量开始探索。

1.4.1　探索分类变量

记住，我们用分类变量衡量的是数据的**质**，而不是数据的**量**，因此这些变量的均值、最小值或最大值没有意义。不过，我们仍然可以对这些数据进行一些分析，即计算**频率**。这可以在 Excel 中用数据透视表（PivotTable）实现。将光标放在 star 数据集中的任意位置，然后依次选择"插入→数据透视表"，窗口如图 1-5 所示。单击"确定"。

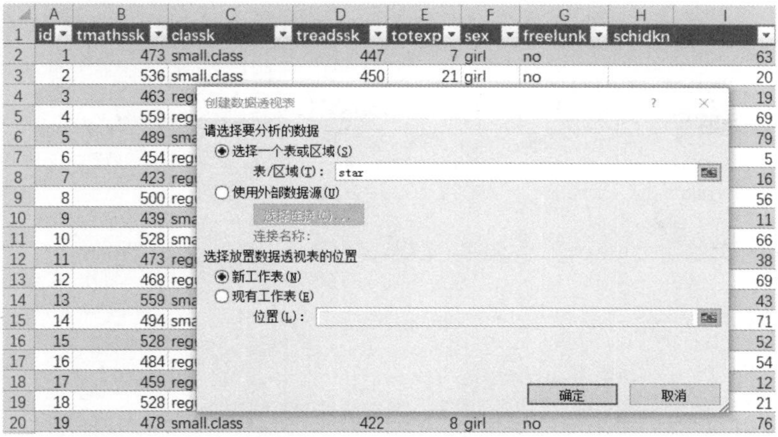

图 1-5：插入数据透视表

我们想知道每个类型有多少个观测值。为此，将 `classk` 拖到数据透视表的“行标签”区域中，将 `id` 拖到“数值”区域中。默认情况下，Excel 将获取字段 `id` 的总和。假设分类变量是定量变量，这种做法是错误的。我们不能定量比较 ID，但可以计算它出现的频率。要在 Windows 中执行此操作，请单击“数值”区域中的“求和项：`id`”，然后选择“值字段设置”。在“值字段汇总方式”下，选择“计数”，单击“确定”。在 macOS 中，则应先单击 i 图标，再选中“`id` 总和”。现在我们有了想要的：每个班级类型的观测值个数。图 1-6 展示了班级类型的**单向频率表**。

行标签	计数项:id
regular	2000
regular.with.aide	2015
small.class	1733
总计	**5748**

图 1-6：班级类型的单向频率表

我们按照学生是否有免费午餐资格来进一步分解这个频率计数。为此，请将 `freelunk` 放入数据透视表的“列标签”区域。现在得到**双向频率表**，如图 1-7 所示。

本书将可视化作为数据分析工作的一部分。除了书中介绍的内容，我们不会在数据可视化的原理和技术上花费太多时间。然而，这个领域很值得学习。要获得有用的介绍，请参阅 Claus O. Wilke 所著的《数据可视化基础》。

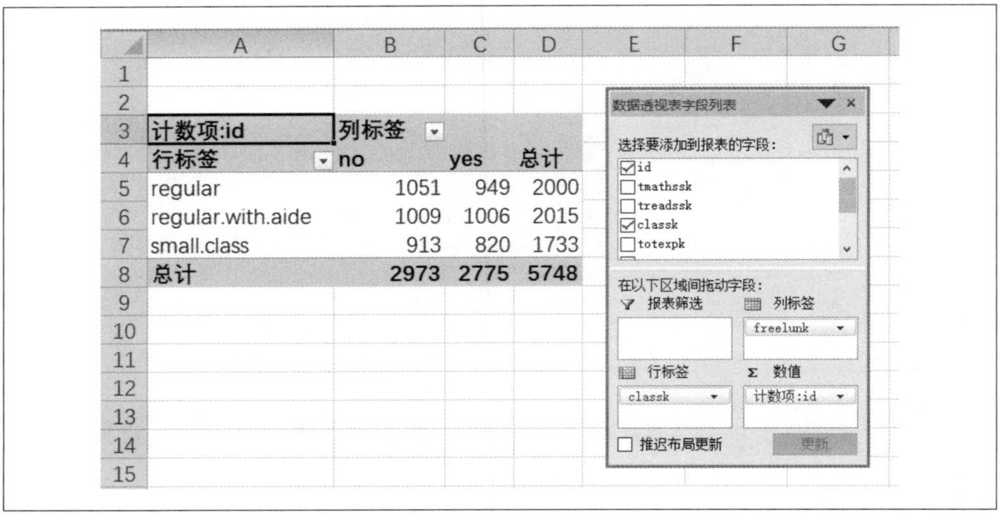

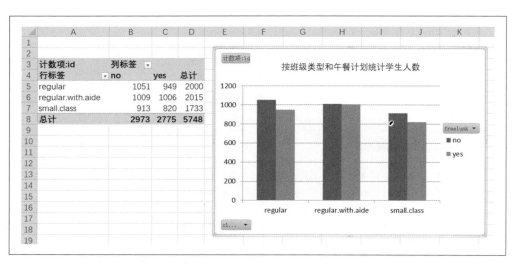

图 1-7：免费午餐资格及班级类型的双向频率表

我们可以用**条形图**（也称为**条图**或**计数图**）可视化单向频率表或双向频率表。通过单击数据透视表内部并依次单击"插入→簇状柱形图"来绘制双向频率表，结果如图 1-8 所示。单击图表的周围，然后单击右上角显示的加号图标，为图表添加标题。在出现的"图表元素"菜单下，选中"图表标题"选项。要在 macOS 中找到此菜单，请单击图表并从功能区转到"设计→添加图表元素"。本书将多次采用这种方式添加图表。

请注意，计数图和表都按班级类型将观测值的数量分为参加和不参加免费午餐计划的学生。举例来说，1051 和 949 分别对应计数图上的第 1 根和第 2 根柱子。

图 1-8：将双向频率表可视化为计数图

即使对于像双向频率表这样简单的数据分析，将结果可视化也是不错的做法。相比理解表格中的数字，人类更容易理解图表。因此，随着数据分析变得越来越复杂，我们将持续对结果进行可视化展示。

我们无法对分类数据进行定量比较，因此对它们进行的任何数据分析都将基于它们的计数结果。这看似平淡无奇，但仍然很重要：它告诉我们什么级别的值是最常见的，我们可能希望通过其他变量来比较这些级别，以便进一步分析数据。但现在，我们来探索定量变量。

1.4.2　探索定量变量

在本节中，我们将进行更全面的**汇总**，也称为**描述性统计**。描述性统计允许使用定量方法总结数据集。频率是一种描述性统计量。现在来看一些其他的描述性统计量，以及如何在 Excel 中进行计算。

集中趋势指标是一组描述性统计量，用来表示典型的观测值。我们将介绍最常见的 3 个集中趋势指标。

首先是**均值**，更具体地说是**算术平均数**。它是通过将所有观测值相加，然后除以观测值的总数来计算得到的。在本书涉及的所有统计指标中，你可能最熟悉这个指标。我们将反复提到算术平均数。

接着是**中位数**。这是位于数据集中间位置的观测值。要计算中位数，请将数据从低到高排序，然后从两边往中间寻找中值。如果找到两个中间值，则取这两个值的均值作为中位数。

最后是**众数**，即最常出现的值。对数据进行排序以找到众数也很有帮助。一个变量可以有零个、一个或多个众数。

Excel 拥有丰富的统计函数，包括一些度量集中趋势的函数，如表 1-3 所示。

表1-3：用于度量集中趋势的Excel函数

统计量	Excel函数
均值	AVERAGE(number1, [number2], ...)
中位数	MEDIAN(number1, [number2], ...)
众数	MODE.MULT(number1, [number2], ...)

MODE.MULT() 是 Excel 中的一个函数，它利用动态数组的强大功能返回多个潜在的众数。如果你无权使用此函数，试试 MODE()。利用这些函数，我们可以找出 tmathssk 的集中趋势。结果如图 1-9 所示。

K	L	M	N	O
tmathssk的集中趋势				
均值		485.6480515	=AVERAGE(star[tmathssk])	
中位数		484	=MEDIAN(star[tmathssk])	
众数		489	=MODE.MULT(star[tmathssk])	
众数 - 多少次?		277	=COUNTIF(star[tmathssk],L4)	

图 1-9：用 Excel 计算集中趋势

从这个数据分析结果可以看到，3 个集中趋势指标的值非常接近：均值约为 485.6，中位数为 484，众数为 489。我们还找出了该众数出现的频率，为 277 次。

所有这些反映集中趋势的指标中，哪一个值得重点关注呢？我将用一个简短的实例来回答这个问题。假设你在一家非营利机构从事咨询工作。你被要求查看捐款情况，并就跟踪哪一种集中趋势提出建议。捐款数据如下所示。请花些时间计算和做决定。

    $10 $10 $25 $40 $120

均值似乎是我们一般会用到的指标，但 41 美元真的能代表这些数据吗？除了一人，其余所有人的捐款额都比这个数少。120 美元的捐款额拉高了均值。这是均值的缺点：极值可能会对它产生过度的影响。

如果使用中位数，我们就不会有这个问题：25 美元可能比 41 美元更能代表"中间值"。不过，这个指标的问题在于，它没有考虑到每个观测值的精确值：我们只是在变量排序后往中间数数，而不考虑每个观测值的相对大小。

下一个指标是众数，它确实提供了有用的信息：出现频率最高的捐款额是 10 美元。然而，10 美元并不能代表全部捐款额。此外，如前所述，数据集既可能有多个众数，也可能没有众数。因此，众数不是一个非常稳定的指标。

我们应该给出怎样的建议呢？答案是，应该跟踪和评估所有这些指标。每一个指标都从不同的角度总结了这些数据。但是，正如你将在后面的章节中看到的，在进行更高级的统计数据分析时，最常用的指标是均值。

我们将经常用多种统计量对同一数据集进行数据分析，以便得到更全面的观点。不存在最好的统计指标。

既然确定了变量的"中心"在哪里，我们想探索观测值相对于中心的扩散程度。存在多种度量**变异性**的方法，我们将关注最常见的一些方法。

首先是**极差**，即最大值与最小值之差。虽然推导起来很简单，但它对观测值非常敏感：只要出现一个极值，结果就可能存在误导性。

其次是**方差**。它衡量观测值相对于均值的扩散程度。与我们到目前为止所讨论的其他方法相比，它的计算开销要大一些。计算步骤如下：

1. 找到数据集的均值；
2. 将每个观测值减去均值，得到每个观测值的偏差；
3. 求所有偏差的平方和；
4. 将平方和除以观测值的总数。

要计算的还不少。对于涉及的运算，使用数学符号可能会有所帮助。我知道数学符号可能不容易习惯，并且可能让人望而却步，但是考虑上述步骤，这些步骤也很不容易理解吧？数学符号可以更精确地表示该做什么。举例来说，方程 1-1 可以涵盖求方差所需的所有步骤。

方程 1-1 求方差

$$s^2 = \frac{\sum \left(X - \bar{X} \right)^2}{N}$$

s^2 是方差。$\left(X - \bar{X} \right)^2$ 表示我们从每个观测值 X 中减去均值 $\bar{X}$，然后再取平方。$\sum$ 表示求这些结果的总和。最后，将求和结果除以观测次数 N。

在本书中，我还会多次使用数学符号，但仅在数学符号比烦琐的文字步骤更能有效表达给定概念时才用它们。尝试计算下列数字的方差。

    3   5   2   6   3   2

因为这个统计量的推导过程比较复杂，所以我将使用 Excel 来进行计算。稍后，你将很快了解到如何使用 Excel 的内置函数计算方差。结果如图 1-10 所示。

	A	B	C	D
1	观测值	均值	偏差	偏差平方
2	3	3.5	-0.5	0.25
3	5	3.5	1.5	2.25
4	2	3.5	-1.5	2.25
5	6	3.5	2.5	6.25
6	3	3.5	-0.5	0.25
7	2	3.5	-1.5	2.25
8				
9	偏差平方之和	13.5	=SUM(D2:D7)	
10	观测值的个数	6	=COUNT(A2:A7)	
11	方差	2.25	=B9/B10	

图 1-10：通过 Excel 计算方差

可以在本章配套文件 ch-1.xlsx 的 variability 工作表中找到这些结果。

你可能会问：为什么我们要计算偏差的**平方**？要了解原因，请看没有平方的偏差之和，它为零：这些偏差相互抵消了。

方差的问题是，我们现在是根据原始单位的平方偏差来计算的。这不是直观的数据分析方法。为了纠正这一点，我们将取方差的平方根，称为**标准差**。变异性现在用原始度量单位（均值）表示。方程 1-2 是以数学符号表示的标准差。

方程 1-2　求标准差

$$s = \sqrt{\frac{\sum \left(X - \overline{X} \right)^2}{N}}$$

使用该方程，我们得到图 1-10 中的标准差为 1.5（2.25 的平方根）。可以使用表 1-4 中的函数在 Excel 中计算各个统计量。请注意，在对**样本**和**总体**计算方差和标准差时，我们采用了不同的函数。针对样本计算时，分母是 $N-1$，而不是 N，这使得方差和标准差的值更大一些。

表1-4：计算各个统计量的Excel函数

统计量	Excel函数
极差	MAX(number1, [number2], ...)_ - _MIN(number1, [number2], ...)
方差（样本）	VAR.S(number1, [number2], ...)
标准差（样本）	STDEV.S(number1, [number2], ...)
方差（总体）	VAR.P(number1, [number2], ...)
标准差（总体）	STDEV.P(number1, [number2], ...)

样本和总体的区别将是后续章节的一个关键主题。现在，如果你不能确定自己已经收集了**所有**感兴趣的数据，那么请使用**样本**函数。正如你开始看到的，有好几个需要注意的描述性统计量。可以使用 Excel 函数进行快速计算，但也可以使用它的数据分析工具库（Data Analysis ToolPak），只需点击几下，就可以得到整套描述性统计量。

当针对样本或总体计算某些统计量时，结果可能不一致。如果不确定使用哪一种方法，则使用样本函数。

此加载项随 Excel 一起安装，但需要先对其进行加载。对于 Windows，从功能区中依次选择"文件→选项"，再选择"加载项"。然后，单击菜单底部的"转到"。在弹出的菜单中选择"分析工具库"，然后单击"确定"。无须选择"分析工具库 –VBA"选项。对于 macOS，从菜单栏中依次选择"数据→分析工具"。从菜单中选择"分析工具库"，然后单击"确定"。你需要重启 Excel 以完成配置。重启后，你将在"数据"菜单中看到一个新的"数据分析"按钮。

在表 1-2 中，我们确定 tmathssk 和 treadssk 是连续变量。我们现在使用分析工具库计算它们的描述性统计量。在功能区中，依次选择"数据→数据分析→描述统计"。在出现的菜单中选择输入区域 B1:C5749。确保勾选"标志位于第一行"和"汇总统计"。菜单应如图 1-11 所示。其他设置不必修改，然后单击"确定"。

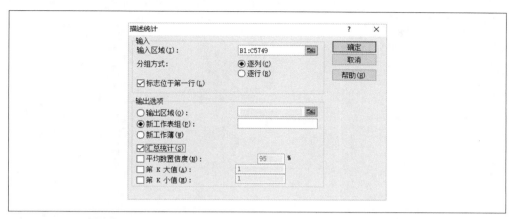

图 1-11：使用分析工具库

这将在新工作表中插入这两个变量的描述性统计数据，如图 1-12 所示。

	A	B	C	D
1	tmathssk		treadssk	
2				
3	均值	485.6480515	均值	436.7423452
4	标准误差	0.63010189	标准误差	0.419080917
5	中位数	484	中位数	433
6	众数	489	众数	437
7	标准差	47.77153121	标准差	31.77285677
8	样本方差	2282.119194	样本方差	1009.514427
9	峰度	0.289321748	峰度	3.83779705
10	偏度	0.473937363	偏度	1.340898831
11	极差	306	极差	312
12	最小值	320	最小值	315
13	最大值	626	最大值	627
14	总和	2791505	总和	2510395
15	计数	5748	计数	5748

图 1-12：使用分析工具库得到描述性统计数据

现在看一下分类变量每个级别的描述性统计数据，以便跨组进行比较。为此，请将基于 star 数据集的新数据透视表插入新工作表中。将 freelunk 放在"列标签"区域中，将 id 放在"行标签"区域中，将"求和项：treadssk"放在"数值"区域中。请记住，id 字段是唯一标识符，所以我们不应在数据透视表中对其求和。

对于此数据透视表的操作和今后将执行的任何数据透视表操作，最好通过单击数据透视表内部并依次选择“设计→总计→对行和列禁用”来完成。这样就不会错误地将总计作为数据分析的一部分。现在可以使用分析工具库插入描述性统计数据。结果如图 1-13 所示。

	A	B	C	D	E	F	G	H
3	求和项：treadssk	列标签						
4	行标签	no	yes					
5	1-50	14800	7306		no		yes	
6	51-100	11756	9785					
7	101-150	11920	9878		均值	444.858392	均值	428.047207
8	151-200	9448	12426		标准误差	0.61582403	标准误差	0.51544307
9	201-250	10313	11211		中位数	440	中位数	424
10	251-300	11687	10274		众数	437	众数	413
11	301-350	15048	6963		标准差	33.577943	标准差	27.1526488
12	351-400	8496	13228		样本方差	1127.47826	样本方差	737.266336
13	401-450	12985	8893		峰度	4.03894817	峰度	2.13240021
14	451-500	11482	10142		偏度	1.46495745	偏度	0.97973898
15	501-550	8754	12767		极差	257	极差	290
16	551-600	11359	10338		最小值	370	最小值	315
17	601-650	14022	7678		最大值	627	最大值	605
18	651-700	9717	12244		总和	1322564	总和	1187831
19	701-750	10714	11113		计数	2973	计数	2775
20	751-800	8611	12631					
21	801-850	10922	10651					

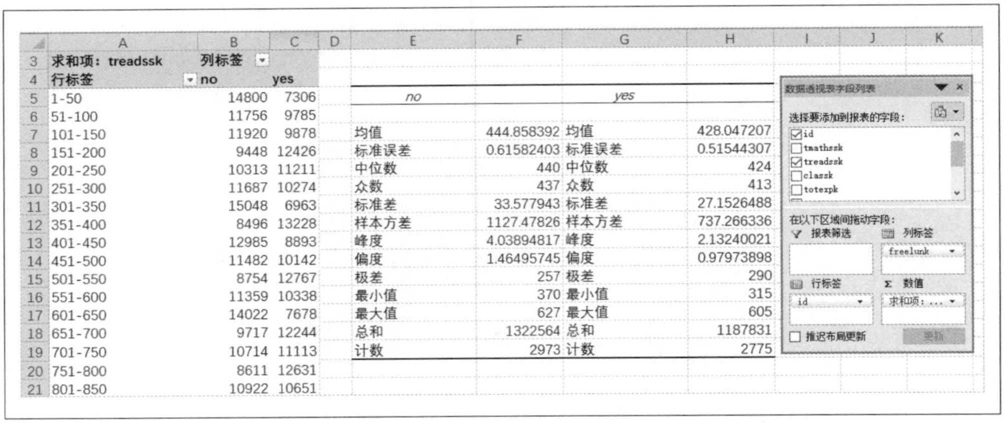

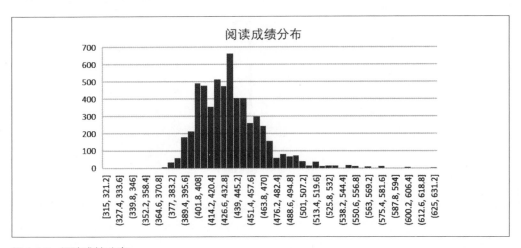

图 1-13：按组计算描述性统计量

你已经知道如何计算大部分描述性统计量了，稍后我们将学习其余部分。分析工具库提供的所有信息似乎都不需要可视化数据。然而事实上，可视化在探索性数据分析中仍然扮演着不可或缺的角色。我们将使用它来了解变量在整个取值范围内的值分布情况。

首先，我们来看看直方图。通过直方图，我们可以直观地看到各观测值的相对频率。要在 Excel 中构建 `treadssk` 的直方图，请选择该列数据，然后转到功能区并依次选择“插入→直方图”，结果如图 1-14 所示。

图 1-14：阅读成绩分布

我们可以从图 1-14 中看到，最频繁发生的频率间隔在 426.6 和 432.8 之间，这个范围内大约有 650 个观测值。实际的分数都不包含小数，但是横轴可以表示小数，这取决于 Excel 如何定义区间间隔。我们可以通过右键单击图表的横轴并选择"设置坐标轴格式"来更改参数。这样操作后，右侧将出现一个菜单（macOS 没有提供该功能）。

默认情况下，Excel 使用 51 个矩形，但如果我们将该数大致减半或加倍，分别为 25 个和 100 个，结果会怎么样？调整直方图中的矩形数，结果如图 1-15 所示。我喜欢将此称为"放大和缩小"分布的细节。

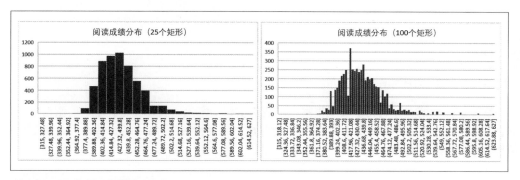

图 1-15：调整直方图的矩形数

通过将分布用直方图进行可视化，我们可以很快看到分布最右边有相当数量的测试成绩，但大部分的测试成绩集中在 400 ～ 500 这个范围内。

如果想看看阅读成绩在 3 个班级类型中的分布是如何变化的，该怎么做呢？在这里，我们比较的是一个连续变量在分类变量的 3 个级别中的情况。在 Excel 中设置这样的直方图需要一些技巧，但可以依靠数据透视表来完成这项工作。

在 star 数据集中插入新的数据透视表，然后将 treadssk 拖动到"行标签"区域中，将 classk 拖动到"列标签"区域中，将"计数项：id"拖动到"数值"区域中。同样，如果我们从数据透视表中删除总计，那么后续数据分析将更容易。

现在，根据这些数据创建一张图。单击数据透视表中的任意位置，然后从功能区中依次选择"插入→簇状柱形图"。结果如图 1-16 所示。该结果很不直观，但将其与源数据透视表进行比较可以得知，对于得分为 380 的学生，有 10 名学生在常规班级里，两名学生在需要辅助的常规班级里，另有两名学生在小班里。

至此，我们要做的就是将这些值滚动到更大的间隔中。请在数据透视表第一列的值内的任意位置单击鼠标右键，然后选择"组合"。Excel 将此分组的默认增量设置为 100，这里把它改为 25。

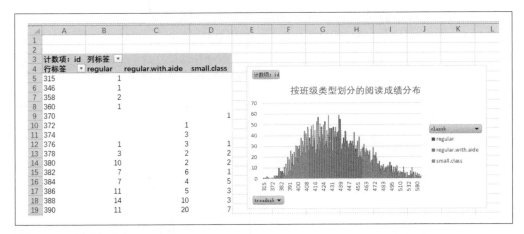

图 1-16：绘制多组直方图

一张容易识别的直方图初步展现出来了。我们重新格式化该图，使它看起来更像直方图。右键单击图中的任意矩形，然后选择"设置数据系列格式"。将"系列重叠"设为 75%，将"分类间距"设为 0%。结果如图 1-17 所示。

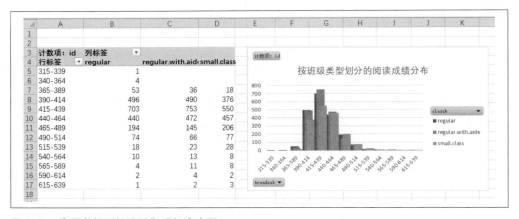

图 1-17：利用数据透视表绘制多组直方图

我们可以将"分类间距"设置为完全相交，但这样就更难看到常规班级的分布。要了解连续变量的分布情况，绘制直方图是首选的可视化方法，但它很容易变得杂乱无章。

另一种方法是绘制箱线图，以**四分位数**的形式对分布进行可视化。箱线图的中心是我们熟悉的指标，即**中位数**。

作为数据集的"中心"，考虑中位数的一种方法是将其作为第 2 个四分位数。可以通过将数据集平均划分为象限并找到它们的中点来找到第 1 个和第 3 个四分位数。图 1-18 标记了箱线图的这些不同元素。

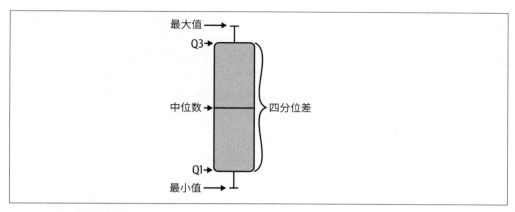

图 1-18：箱线图元素

"箱"中的结果图部分称为**四分位差**，它是导出图中其他部分的基础。在四分位差 1.5 倍内的剩余极差由两条线表示。事实上，Excel 将这种类型的图称为"箱形图"。

未在该极差范围内的观测值在箱线图中显示为单个点。这些点被认为是异常值。箱线图可能比直方图更复杂，但幸运的是，Excel 将为我们做所有准备工作。回到 treadssk 示例，高亮显示该列，然后从功能区中依次选择"插入 → 箱形图"。

在图 1-19 中可以看到，四分位差大约在 415 和 450 之间，并且存在一些异常值，特别是在较高的一侧。现在，我们对完整分布有了更直观的了解，并且能够以不同的粒度级别和不同的矩形宽度进行检查。我们注意到与直方图中相似的模式。正如描述性统计量一样，每个可视化工具都提供了关于数据的独特视角，没什么功能天生就比其他功能优越。

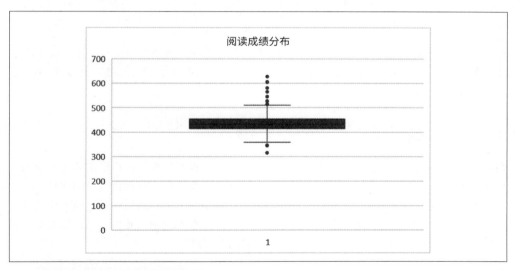

图 1-19：用箱线图可视化阅读成绩分布

箱线图的一个优点是，它为我们提供了一些关于数据的四分位数所在位置的精确信息，以及哪些观测值被视为异常值。另一个优点是，比较多组之间的分布更容易。要在 Excel 中绘制多组的箱线图，最简单的方法是将感兴趣的分类变量直接放在连续变量的左侧。以这种方式，我们在数据源中将 classk 移动到 treadssk 的左侧。选中数据后，在功能区依次单击"插入→箱形图"。在图 1-20 中，我们看到 3 组的得分总体分布情况相似。

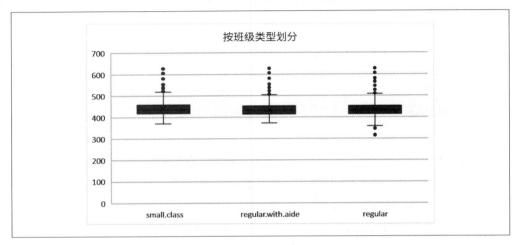

图 1-20：按班级类型划分的阅读成绩箱线图

综上所述，在处理定量数据时，可以做的不仅仅是计算频率。

- 可以使用集中趋势指标来确定数据的中心值。
- 可以使用变异性指标来确定数据的相对分布程度。
- 可以使用直方图和箱线图可视化该数据分布。

还有其他描述性统计量和可视化方法可用于探索定量变量，你甚至可以在本书后面的内容中了解其中的一些方法。本章为你提供了一个很好的开端，在探索性数据分析过程中，需要问一些最关键的问题。

1.5　本章小结

虽然我们永远不知道会从新数据集中得到什么见解，但探索性数据分析框架为我们提供了一个很好的过程来理解数据集。现在，我们知道了 star 数据集中有什么类型的变量，以及整体的观测结果如何。这是一次相当深入的探索。在第 3 章中，我们将在这项工作的基础上学习如何通过探索数据来确认我们对数据的见解。但在那之前，我们先通过第 2 章了解概率，它为数据分析这种"发动机"提供了大量的"燃料"。

1.6 练习

使用随书文件包中的 housing 数据集练习你的探索性数据分析技能，文件路径是"datasets → housing → housing.xlsx"。这是一个真实的数据集，它包含加拿大安大略省温莎市的房屋销售价格。完成以下内容，并尝试自己进行探索性数据分析。

1. 对每个变量的类型进行分类。
2. 创建 airco 和 prefarea 的双向频率表。
3. 返回 price 的描述性统计数据。
4. 可视化 lotsize 的分布。

你可以在 exercise-solutions 文件夹中找到这些练习题和其他所有练习题的求解方案。每章对应单独的文件名。

第 2 章

概率论基础

你是否思考过气象学家所说的"降水概率为 30%"到底是什么意思？在任何情况下，他们都不会说"肯定会下雨"。也就是说，**结果不确定**。他们所能做的是将不确定性**量化**为介于 0%（肯定不会下雨）和 100%（肯定会下雨）之间的某个值。

和气象学家一样，数据分析师的工作也是处理不确定信息。通常，在只拥有样本数据的情况下，数据分析师要对总体数据做出判断。因此，数据分析师也需要将不确定性量化为概率。

本章将深入探索概率的原理及其推导过程。此外，我们还将使用 Excel 模拟统计学中的一些最重要的定理，这些定理主要基于概率。这将为我们在第 3 章和第 4 章中使用 Excel 执行推断统计打下良好的基础。

2.1 概率与随机性

通俗地说，如果某件事似乎是偶然发生的，那么我们说它是"随机"的。在概率论中，如果知道一个事件有结果，但不确定结果会是什么，那么我们说这个事件是**随机**的。

以六面骰子为例。当掷骰子时，我们知道它会某一面朝上，不会没有面朝上，也不会出现多面朝上。我们知道会得到**一个结果**，而不知道会得到**哪一个结果**，这就是随机性在统计学中的含义。

2.2　概率与样本空间

我们知道，当骰子落地时，它将显示一个介于 1 和 6 之间的数字。这组数字称为**样本空间**。样本空间中的每一个数字都被分配了一个大于零的概率，因为骰子落地时可能会出现其中任何一个数字。这些概率加起来等于 1，因为我们确信结果一定是样本空间中的某一个数字。

2.3　概率与实验

我们已经确定骰子的投掷结果是随机的，并且已经概述了它的样本空间。现在可以开始为这个随机事件做实验了。在概率论中，**实验**是在一致的样本空间中可以无限重复并得到可能结果的过程。

有些实验需要规划多年，但幸运的是，我们的实验很简单：掷骰子。每掷一次骰子，我们都会得到介于 1 和 6 之间的某个整数值。掷骰子的结果就是我们的实验结果。每次掷骰子就是我们的一次实验。

2.4　非条件概率与条件概率

考虑到目前为止我们对概率的了解，一个关于掷骰子的典型概率问题可能是："骰子出现 4 的概率是多少？"这被称为**边缘概率**或**非条件概率**，因为我们只孤立地观察一个事件。

如果我们在上一次实验中得到了 1，那么在下一次实验中得到 2 的概率是多少？对于这样的问题，我们该如何回答呢？为了回答这个问题，我们将讨论**联合概率**。当研究两个事件的概率时，我们有时知道其中一个事件的结果，但不知道另一个事件的结果。这种概率被称为**条件概率**。计算条件概率的一种方法是使用**贝叶斯法则**。

本书不会详细介绍贝叶斯法则及其在与概率论和统计学相关的众多领域中的应用，但它非常值得你将来去研究。具体可查看 Will Kurt 在《趣学贝叶斯统计：橡皮鸭、乐高和星球大战中的统计学》[1] 一书中的精彩介绍。贝叶斯学派提供了一种独特的方法，通过一些令人印象深刻的分析工具来处理数据。

　围绕贝叶斯法则发展起来的流派与本书涉及的所谓频率派方法和许多经典的统计学方法不同。

注 1：该书已由人民邮电出版社出版，详见 ituring.cn/book/2848。——编者注

2.5　概率分布

到目前为止，我们已经了解了为什么掷骰子是随机实验，并且已经列举了样本空间中的值。所有结果的概率之和必须等于 1，但每个结果的相对概率是多少？关于这一点，可以**参考概率分布**。概率分布是事件可能产生的结果列表，以及每个结果的常见程度。虽然概率分布可以写成一个形式化的数学函数，但我们将关注它的定量输出。

在第 1 章中，我们了解了离散变量和连续变量之间的区别。在概率论中，也有相关的离散概率分布和连续概率分布。现在，我们从离散概率分布开始了解。

2.5.1　离散概率分布

我们来继续探讨掷骰子实验。这是一个离散概率分布，因为结果的数量是可数的。举例来说，虽然掷骰子可以得到 2 或 3，但绝不可能得到 2.25。

具体地说，掷骰子是一种**离散均匀概率分布**，因为每个结果的可能性都是相同的。也就是说，得到 4 的可能性和得到 2 的可能性是一样的，其他数字也一样。更具体地说，每个数字出现的概率都是 1/6。

要理解本章中的 Excel 示例，请打开随书文件包中的 ch-2.xlsx 文件。对于书中的大多数练习，我已经完成了对工作表的一些准备工作，并将在这里与你一起完成其余部分。让我们从 uniform-distribution 工作表开始。每个可能的结果 X 列在 A2:A7 中。我们知道得到任何结果的可能性是相同的，因此 B2:B7 中的公式应该是 =1/6。$P(X=x)$ 表示给定事件产生所列结果的概率。

选择 A1:B7，并从功能区中依次选择"插入→簇状柱形图"。可视化结果如图 2-1 所示。

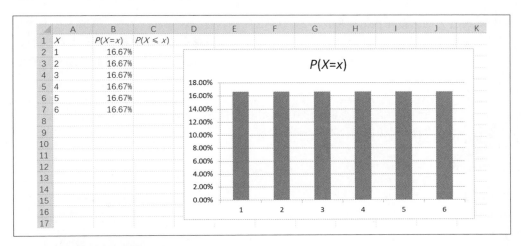

图 2-1：掷六面骰子的概率分布

这便是你的第一个概率分布，但它可能不是那么令你兴奋。注意到图中各值之间的间隔了吗？间隔表明，这些结果是离散的，而不是连续的。

有时我们可能想知道结果的**累积概率**。在这种情况下，计算所有概率的总和，直到达到100%为止（因为样本空间的总和必须为1）。我们将在 C 列中寻找小于或等于给定结果的事件概率。为了进行统计，可以在 C2 中输入公式 =SUM($B$2:B2)，然后自动填充至 C7。

现在，选择 A1:A7，按住 Ctrl 键（Windows）或 Cmd 键（macOS）并高亮显示 C1:C7。选择此非连续范围后，创建第 2 张簇状柱形图。看到图 2-2 中的概率分布和累积概率分布之间的区别了吗？

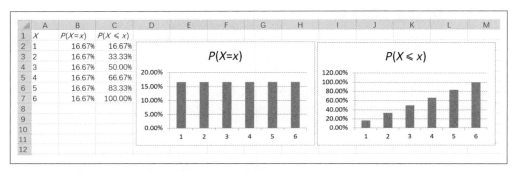

图 2-2：六面骰子的概率分布和累积概率分布

基于逻辑和数学推理，我们假设骰子任何一面出现的概率都是 1/6。这称为**理论概率**。也可以根据经验，通过多次掷骰子并记录结果来寻求概率分布，这称为**实验概率**。毕竟，通过实验可以发现，骰子每一面出现的概率实际并不像理论所预测的那样是 1/6。也就是说，骰子偏向于某一面。

我们有两种方法来推导实验概率。确实可以进行一个真实的实验。当然，掷骰子几十次并记录结果可能会相当乏味。替代方法是让计算机来做**仿真实验**。仿真实验能较好地近似真实情况，通常用于真实实验太困难或太耗时的场合。仿真的缺点是，它可能无法反映真实实验的任何异常或特质。

我们经常使用仿真来模拟现实生活中可能发生的情况。对于某些情况，实际进行实验太困难，甚至不可能复现。

为了模拟掷骰子的实验，我们需要一种方法来随机选择一个介于 1 和 6 之间的数字。可以使用 Excel 的随机数生成器 RANDBETWEEN() 来实现该功能。你在书中看到的结果与你自己尝试时得到的结果可能不同……但它们都是 1 到 6 的随机数。

使用 Excel 的随机数生成器，得到的结果可能与本书中的结果不同。

现在，进入 experimental-probability 工作表。在 A 列中，我们标记了 100 次掷骰子实验的编号。此刻，可以实际掷骰子并将结果记录在 B 列中。更高效（不过不够真实）的替代方法是使用 RANDBETWEEN() 对结果进行模拟。

该函数有两个参数：

    RANDBETWEEN(bottom, top)

由于我们使用的是六面骰子，因此结果介于 1 和 6 之间：

    RANDBETWEEN(1, 6)

RANDBETWEEN() 只返回整数，这是我们在本例中所需要的：本例涉及的是一个离散分布。使用填充控制柄，可以为所有 100 次实验生成结果。不要过于关注当前的结果。在 Windows 中按 F9 键，在 macOS 中按 Fn+F9 键，或从功能区中依次选择"公式→开始计算"。这将重新对工作表进行计算，并重新生成随机数。

现在比较一下 E 列中的理论概率和 F 列中的实验概率。D 列用于枚举样本空间：数字 1 到 6。在 E 列中，取理论概率 1/6，即约为 16.67%。在 F 列中，计算 A 列和 B 列的实验概率。这是我们在所有实验中发现每个结果次数所占的百分比。你可以使用以下公式得到实验概率：

    =COUNTIF($B$2:$B$101,D2)/COUNT($A$2:$A$101)

选择 D1:F7，然后从功能区中依次选择"插入→簇状柱形图"。工作表现在应该如图 2-3 所示。请尝试多计算几次。

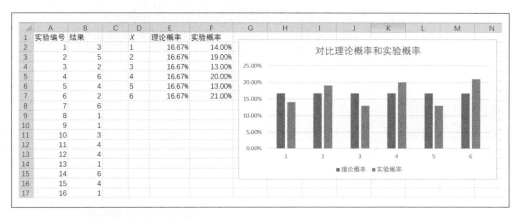

图 2-3：六面骰子的理论概率与实验概率

根据实验分布，我们对骰子任何一面出现的可能性相等的预测似乎是正确的。当然，实验分布与理论分布并不完全相同：由于随机因素，总会有一些误差。

然而，如果我们在现实生活中进行实验，那么实验结果可能与从仿真实验中得出的结果不同。也许骰子实际上是不均匀的，而推理和 Excel 算法忽略了这一点。这似乎是一个微不足道的问题，但现实生活中的概率往往并不像我们（或计算机）所期望的那样。

离散均匀概率分布是众多离散概率分布中的一种，其他常用于数据分析的概率分布包括二项分布和泊松分布。

2.5.2　连续概率分布

当结果可以取两个值之间的任何值时，分布被认为是连续的。我们将重点讨论正态分布，也就是**钟形曲线**。你可能熟悉这个著名的形状，如图 2-4 所示。

在图 2-4 中，你会看到一个以变量的均值（μ）为中心的完全对称的分布。让我们深入了解正态分布及其含义，并且使用 Excel 来解释基于它的基本统计概念。

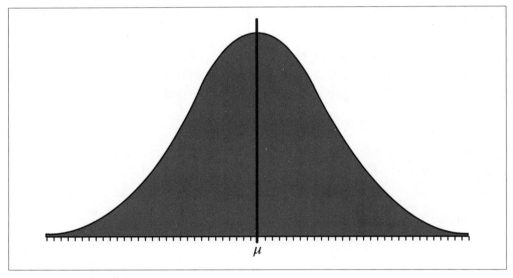

图 2-4：正态分布示例

正态分布值得研究，部分原因是它在自然界中非常普遍。举例来说，图 2-5 分别显示了学生身高和葡萄酒 pH 值的分布的直方图。你可以在随书文件包中找到这些数据集，分别是 datasets 文件夹中的 heights 和 wine。

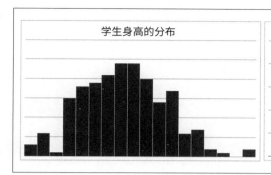
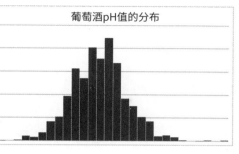

图 2-5：现实生活中的两个正态分布变量：学生身高和葡萄酒的 pH 值

你可能会问：如何知道变量服从正态分布呢？这是好问题，回想一下掷骰子的实验：我们列举了所有可能的结果，推导出了理论分布，然后推导出了实验分布（通过仿真），并对两者进行了比较。将图 2-5 所示的直方图视为实验分布：在这种情况下，数据是手动收集的，而不是模拟的。

有几种方法可以判断真实数据集的实验分布是否在理论上足够接近正态分布。我们暂时采用观察法：钟形曲线是一个对称的形状，数值大多在中心附近。其他方法包括评估偏度和峰度，这是另外两个描述性统计量，分别测量分布的对称性和峰值。也可以使用推断统计方法来检验正态性。推断统计的基础知识将在第 3 章中介绍。但现在，我们将遵循"一看便知"这个规则。

当处理现实生活中的数据时，你就是在处理实验分布。现实永远不会完全符合理论分布。

正态分布提供了一些易于记忆的准则，说明观测值在给定均值和标准差时的百分比。具体而言，对于服从正态分布的变量，我们期望得到：

- 68% 的观测值在均值的 1 个标准差范围内；
- 95% 的观测值在均值的 2 个标准差范围内；
- 99.7% 的观测值在均值的 3 个标准差范围内。

这被称为**经验法则**，或 **68－95－99.7 法则**。让我们使用 Excel 看看具体的例子。打开 empirical-rule 工作表，如图 2-6 所示。

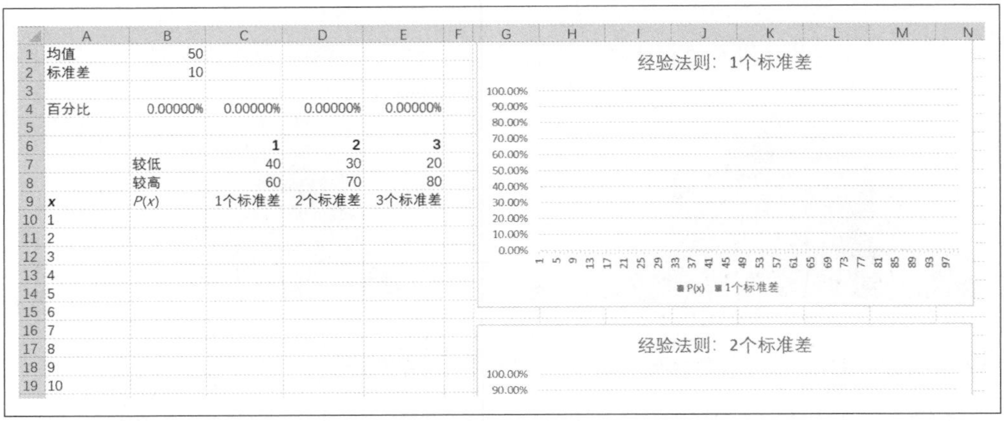

图 2-6：empirical-rule 工作表的最初状态

单元格 A10:A109 中的值分别为 1 ～ 100。在单元格 B10:B109 中，我们的目标是找出均值为 50、标准差为 10 的正态分布变量（分别为单元格 B1 和 B2）的观测值所占的百分比。然后，我们将在 C10:E109 中找到在均值的 1 个、2 个和 3 个标准差范围内的观测值百分比。一旦这样做，图 2-6 中的右图将被填充。单元格 C4:E4 将展示每列的总百分比。

正态分布是连续的，这意味着理论上观测值可以取某两个值之间的任何值。每个值都要赋予一个概率。为简单起见，我们通常为这些观测值划分离散的范围。**概率质量函数**（probability mass function，PMF）返回的是观测范围内每个离散箱的概率。我们将使用 Excel 的 NORM.DIST() 函数来计算变量在 1 ～ 100 这个范围内的 PMF。与我们在本书中已经接触过的函数相比，该函数更复杂。表 2-1 描述了它的每个参数。

表2-1：NORM.DIST()所需的参数

参　　数	说　　明
X	需要计算概率的观测结果
Mean	分布的均值
Standard_dev	分布的标准差
Cumulative	如果为 TRUE，则返回累积函数；如果为 FALSE，则返回质量函数

工作表中的 A 列包含观测结果，B1 和 B2 分别包含均值和标准差。我们想要的是质量分布，而不是累积分布。累积分布将返回一个当前不需要的概率总和。这使得 B10 的公式为：

```
=NORM.DIST(A10, $B$1, $B$2, FALSE)
```

使用填充控制柄，我们将获得每个观测值的似然百分比。举例来说，在单元格 B43 中能看到，观测值等于 34 的概率约为 1.1%。

从单元格 B4 中可知，在 99.99% 的情况下，结果可能在 1 和 100 之间。重要的是，这个数不等于100%，因为连续分布中的观测值可以是任何可能的值，而不一定是1和100之间的值。在单元格C7:E8中，我编写了公式，以找到均值的1个、2个和3个标准差范围内的值。

我们可以使用这些阈值和条件逻辑来为B列找出PMF的哪些部分落在这些区域中。在单元格C10中输入以下公式：

```
=IF(AND($A10 > C$7, $A10 < C$8), $B10, "")
```

如果A列的值在标准差范围内，则此函数将从B列传递概率。如果超出范围，就将单元格留空。使用填充控制柄，可以将此公式应用于C10:E109。现在的结果应该如图2-7所示。

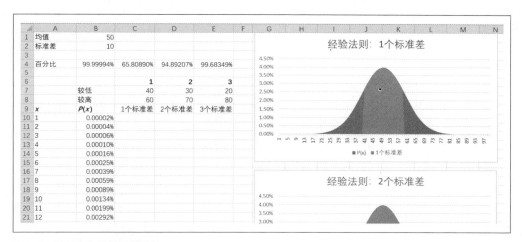

图2-7：Excel中的经验法则

单元格C4:E4表明，我们发现大约有65.8%、94.9%和99.7%的值分别位于均值的1个、2个和3个标准差范围内。这与68-95-99.7法则非常接近。

现在，我们看一下可视化结果：相当大一部分观测值可以在1个标准差范围内找到，更多的观测值可以在2个标准差范围内找到。在图2-8中很难看到3个标准差范围未涵盖的部分。（这部分仍然存在。记住，它只占所有观测值的0.3%。）

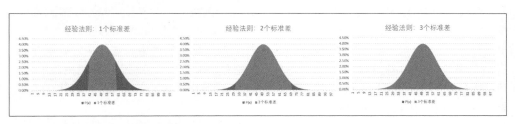

图2-8：在Excel中将经验法则可视化

如果把标准差更改为 8，可视化结果会如何呢？改为 12 又会如何呢？钟形曲线的形状仍然对称地以均值 50 为中心，但会收缩或扩展：较小的标准差会产生"更紧密"的曲线，反之则使曲线"更松散"。无论如何，经验法则大致适用于本例中的数据。如果将均值改为 49 或 51，则可以看到曲线的"中心"沿横轴移动。一个变量可以取任何均值和标准差，并且仍然服从正态分布，不过其产生的 PMF 将不同。

图 2-9 显示了具有不同均值和标准差的两个正态分布。尽管形状截然不同，但它们都遵循经验法则。

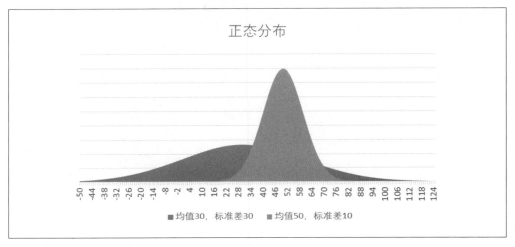

图 2-9：不同的正态分布

正态分布可以包含均值和标准差的任何可能组合。由此产生的 PMF 将发生变化，但大致遵循经验法则。

正态分布很重要，因为它在中心极限定理中占有重要位置。我把这个定理称为"统计学的缺失环节"，后文将详述原因。

为了解释中心极限定理，我们来看另一种常见的机会游戏：轮盘游戏。欧式轮盘以相同的概率返回介于 0 和 36 之间的任何数（与欧式轮盘不同，美式轮盘上的数还包括 0 和 00）。根据你对掷骰子的了解，你认为这服从什么样的概率分布？答案是离散均匀概率分布。在正态分布的介绍中分析离散均匀概率分布，这看起来奇怪吗？我们要感谢中心极限定理。要亲自查看此定理的实际应用，请打开 roulette-dist 工作表，并使用 RANDBETWEEN() 在 B2:B101 中模拟 100 次轮盘旋转：

```
RANDBETWEEN(0, 36)
```

使用直方图对结果进行可视化。工作表应如图 2-10 所示。请尝试重新计算几次。你会发现，每次都会得到相当平坦的直方图。这确实是一个离散均匀概率分布：介于 0 和 36 之间的任何数出现的概率都相同。

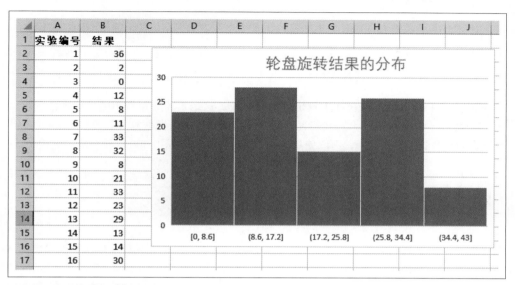

图 2-10：轮盘旋转结果的分布

现在打开 roulette-sample-mean-dist 工作表，在其中做一些不同的事情：首先模拟 100 次轮盘旋转，然后取这些旋转结果的平均数。我们将这样做 100 次，并再次用直方图绘制实验所得平均数的分布。这种"平均数的平均"称为**样本均值**。使用函数 RANDBETWEEN() 和 AVERAGE() 完成此操作后，你将看到图 2-11 所示的内容。

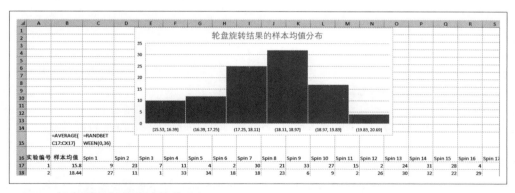

图 2-11：轮盘旋转结果的样本均值分布

这种分布不再像矩形：事实上，它的轮廓看起来像钟形曲线。它大致上是对称的，大多数观测值集中在中心附近：我们现在得到了一个正态分布。轮盘旋转结果本身不服从正态分布，其样本均值分布怎么可能是正态分布呢？欢迎来到非常特殊的魔法世界——**中心极限定理**（central limit theorem，CLT）。

正式地说，CLT 告诉我们：

> 如果样本量足够大，那么样本均值的分布将为正态分布或接近正态分布。

这一现象改变了游戏规则，因为它让我们能够利用正态分布的特征（如经验法则）来做出关于样本均值的断言，即使该变量本身不服从正态分布也可如此。

你掌握要点了吗？CLT 仅在样本量足够大时适用。这是重要的免责声明，但也是模棱两可的声明：多大才叫足够大？我们通过另一个 Excel 示例来做些解释。打开 law-of-large-numbers 工作表。在 B 列中，可以使用 RANDBETWEEN(0，36) 模拟 300 次轮盘旋转实验。

在 C 列中，要计算实验结果的均值。可以使用混合引用来做到这一点。在单元格 C2 中输入以下内容，并往下自动填充至单元格 C301：

```
=AVERAGE($B$2:B2)
```

这样做可以找到 B 列的均值。在 C 列中选择生成的数据，然后在功能区依次单击"插入→折线图"。看一看你的折线图，重新计算几次。每个模拟结果都将不同于图 2-12 所示的结果。不过，你会发现这样一个模式：随着旋转次数增多，均值逐渐收敛到 18。这是合理的：它是 0 到 36 的中间值，这个预期值称为**期望值**。

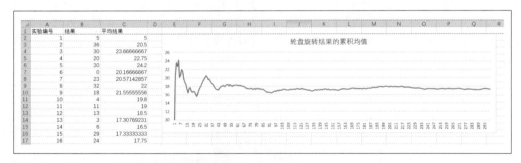

图 2-12：在 Excel 中可视化大数定律

这种现象被称为**大数定律**（law of large numbers，LLN）。正式地说，LLN 告诉我们：

> 随着实验次数的增加，实验结果的均值越来越接近期望值。

然而，这个定义回避了我们先前提出的问题：要应用 CLT，样本量需要多大？你经常会听到人们说阈值是 30，更保守的阈值要求为 60 或 100。鉴于这些样本量的准则，请回头看看图 2-12。留意它在这些阈值处的情况。

大数定律为满足 CLT 的足够样本量提供了宽松的经验法则。

样本量是 30、60 还是 100，纯粹依靠经验法则。然而，其实可以用更严格的方法来确定应用 CLT 所需的样本量。现在，请记住：鉴于样本量满足这些阈值条件，样本均值应该接近期望值（这得益于 LLN），并且应该是服从正态分布的（这得益于 CLT）。

除了正态分布，还有其他连续概率分布，如指数分布和三角分布等。本节将重点放在正态分布上，这是由于正态分布在现实世界中具有普遍性和特殊的统计特性。

2.6　本章小结

如本章开头所述，数据分析师生活在一个充满不确定性的世界中。具体地说，我们通常希望在只拥有样本数据的情况下，对整体数据做出判断。利用本章介绍的概率论框架，我们将能够做到这一点，同时能够量化其固有的不确定性。在第 3 章中，我们将深入研究假设检验的要素，这是数据分析的核心方法。

2.7　练习

使用 Excel 和你的概率论知识，思考以下内容。

1. 掷六面骰子的期望值是多少?
2. 考虑均值为 100、标准差为 10 的正态分布变量。

   * 该变量的观测值是 87 的概率是多少?
   * 观测值在 80 和 120 之间的百分比是多少?

3. 如果欧式轮盘的期望值是 18，那么这是否意味着你猜测结果为 18 是最合适的?

第 3 章
推断统计基础

第 1 章提供了一个通过分类、汇总和可视化变量来探索数据集的框架。虽然这是数据分析的一个重要开端，但我们不希望到此就结束——我们还想知道在样本数据中发现的规律能否**推广**到范围更广的总体数据中。

问题是，我们实际上并不知道在总体数据中会发现什么，因为我们不掌握关于总体数据的全部信息。但是，运用第 2 章介绍的概率论原理可以量化不确定性，即我们有多大把握确定在样本数据中发现的规律也存在于总体数据中。

在给定样本的情况下，通过**假设检验**来估算总体的值，这被称为**推断统计**。该框架是本章的主题。你可能在学校里学过推断统计，这让你很容易对这门学科产生反感，因为它看起来很难理解，并且也不实用。这就是我将尽全力让本章内容实用的原因，我们将在本章中使用 Excel 来探索现实世界中的数据集。

到本章结束时，你将掌握这一基本框架，该框架支持许多数据分析方法。第 4 章将介绍这些应用方法。

第 1 章以针对 housing 数据集的练习结束，这将是本章的重点。你可以在随书文件包的 datasets 文件夹中的 housing 子文件夹中找到该数据集。复制该数据集，添加索引列，然后将该数据集转换成名为 housing 的数据表。

3.1　推断统计框架

根据样本推断总体特征的能力似乎很神奇，不是吗？就像魔术一样，推断统计在局外人看来可能很容易，但对了解推断统计的人来说，它是一种高级境界，主要涉及以下一系列步骤。

1. **收集有代表性的样本**。从技术上讲，这个步骤是在假设检验之前，但其对成功至关重要。必须确保所收集的样本能够真实地反映总体情况。
2. **陈述假设**。首先，陈述一个**研究假设**，或者一些激发我们分析的陈述，这些陈述可以解释数据。然后，陈述一个**统计假设**，以检验数据是否支持这一解释。
3. **制订分析计划**。概述使用什么方法来进行分析，以及将使用什么标准来进行评估。
4. **分析数据**。这是实际的计算步骤。除了计算，我们还会在该步骤中开发将用于评估检验的算法或模型。
5. **做出决定**。现在是关键时刻：我们将比较步骤 3 的评估标准和步骤 4 的实际结果，并得出证据是否支持统计假设的结论。

对于上述每个步骤，我都将首先概述概念，然后将这些概念应用于 housing 数据集。

3.1.1　收集有代表性的样本

我们在第 2 章中了解到，由于大数定律，随着样本量的增大，样本均值的均值应该越来越接近期望值。这就形成了一条经验法则，说明多大的样本量足以进行推断统计。然而，我们假定使用的是有代表性的样本或能够真实反映总体情况的观测结果。如果样本不具有代表性，我们就没有依据假设其样本均值在通过更多的观测后能接近总体均值。

确保在研究的概念化阶段和数据收集阶段获得最有代表性的样本。在面对已经收集好的数据时，很难追溯与数据采样相关的任何问题。收集数据的方法有很多，虽然这个环节是分析工作流程的重要组成部分，但不在本书的讨论范围之内。

　确保样本具有代表性的最佳时间是在数据收集期间。如果你正在使用预先准备好的数据集，那么请考虑采取什么步骤来使样本具有代表性。

统计偏差

收集的样本没有代表性是将偏差引入实验的众多原因之一。说起**偏差**（bias），你可能会想到文化意义上的偏见，即对某事物或某个人的成见。这确实是数据分析中的另一个潜在的偏差来源。换言之，如果计算方式与所估计的基本参数存在系统性的差异，那么我们说它在统计上是有偏差的。检测并纠正偏差是数据分析师的一项核心任务。

获得具有代表性的数据样本会引发一个问题：目标总体是什么？这个总体可以是一般的，也可以是具体的。假设我们对狗的身高和体重感兴趣。在这种情况下，总体既可以是所有狗，也可以是某个特定品种的狗，还可以是某个年龄段或某个性别的狗。一些目标总体可能在理论上更重要，或者在逻辑上更容易采样。目标总体可以是任何数据，但样本需要具有代表性。

housing 数据集拥有 546 条观测数据，这个样本量应该足以进行有效的推断统计。不过，它有代表性吗？如果不了解数据收集方法或目标总体，就很难给出确定的答案。这些数据来自经过同行评议的 *Journal of Applied Econometrics*，因此值得信赖。你在工作中收到的数据可能并未经过打磨，因此值得花时间仔细考虑或探究数据收集方法和采样程序。

至于该数据集的目标总体，根据 housing 子文件夹中的 readme 文件可知，它是来自加拿大安大略省温莎市的房屋销售数据。这意味着温莎市的房价可能是最佳目标总体。举例来说，研究结果可能适用（也可能不适用）于整个安大略省甚至整个加拿大的房价。这是一个旧数据集，取自 20 世纪 90 年代的一篇论文，因此不能保证其研究结果适用于今天的房地产市场，即使在温莎市也不一定再适用。

3.1.2　陈述假设

令人欣慰的是，我们所用的样本能够代表总体，因此我们可以开始思考希望通过陈述假设来推断什么。也许你听说数据中存在某种趋势或异常现象。在探索性数据分析期间，你可能对数据产生了一些想法，现在是思考分析结果的时候了。以住房为例，很少有人会认为不应该在家里安装空调。因此，有空调的房子比没有空调的房子售价更高，这是理所当然的。这种关于数据中的关系的非正式陈述称为**研究假设**。陈述这种关系的另一种方式是说空调对销售价格有影响。在 housing 数据集中，温莎市的房子是**总体**，那些有空调和没有空调的房子是温莎市的两个群体，或称为**亚群体**。

我们已经有了关于空调如何影响房价的假设，这很好。对数据分析师来说，对工作有强烈的直觉和清晰的观点是至关重要的。不过，美国工程师 W. Edwards Deming 有句名言："我们无条件相信上帝，但相信其他人则需要依靠数据分析。"我们真正想知道的是，推测出来的关系是否真的存在于总体数据中。为此，我们需要使用推断统计。

如你所见，统计语言通常不同于日常用语。一开始，你可能会觉得使用统计语言过于迂腐，但它的细微之处揭示了数据分析的很多原理。**统计假设**就是这样一个例子。为了检验数据是否支持我们提出的关系，我们将提供如下两个统计假设。现在看看它们，稍后详细解释。

H_0
　　有空调的房子和没有空调的房子在平均售价上没有差异。

H_a

有空调的房子和没有空调的房子在平均售价上存在差异。

以上两个假设本身是互斥的，因此，如果其中一个为真，那么另一个一定为假。它们也是可检验和可证伪的，这意味着可以使用现实世界中的证据来验证或反驳它们。这些都是关于科学的宏大主题，我们无法在此透彻讲解。你只需知道，应该确保假设可以用数据来检验。

在这个阶段，我们需要将关于数据的所有先入为主的观念抛在脑后，比如之前所做的研究假设。我们现在假设空调对房价没有影响。但是，为什么要这样做？由于只有样本，因此我们永远无法真正了解总体的真实值或参数。这就是第 1 个假设 H_0（或称为**零假设**）被表述得如此特别的原因。

第 2 个假设 H_a 被称为**备择假设**。如果数据不支持零假设，那么根据陈述的方式，备择假设必定成立。我们永远不能说已经"证明"了某个假设是成立的，因为实际上不知道总体的参数。我们可能只是侥幸在样本中发现了规律，而它实际上在总体中根本不存在。事实上，测量这种情况发生的概率将是假设检验工作的一项主要内容。

假设检验的结果并不能"证明"零假设或备择假设成立，因为总体的真实参数是未知的。

3.1.3　制订分析计划

现在我们已经有了统计假设，是时候指定用于检验数据的方法了。对给定的假设进行适当的统计检验取决于多种因素，包括在分析中使用的变量类型，如连续变量、分类变量等。这也是应该在探索性数据分析过程中对变量进行分类的另一个原因。具体来说，我们决定使用的检验方法取决于自变量和因变量的类型。

对因果关系的研究推动了我们在数据分析领域里的大部分工作。我们使用**自变量**和**因变量**来建模和分析这些关系（但请记住，因为我们处理的是样本，所以不可能完全确定地推断出因果关系）。第 2 章讨论了实验的概念，即可重复的事件产生一组确定的随机结果。我们以掷骰子作为实验例子，但现实生活中的大多数实验比掷骰子更复杂。现在来看一个例子。

假设我们是对植物生长感兴趣的研究人员。一位同事推测给植物浇水可能会促进植物生长。我们决定通过实验来验证该想法。我们在观测过程中为植物提供不同的水量，并准确记录数据。几天后，我们记录受到不同水量的植物的生长情况。这个实验有两个变量：浇水量和植物生长情况。你能猜出哪个是自变量、哪个是因变量吗？

浇水量是自变量，因为这是由我们作为研究人员在实验中所控制的。植物生长情况是因变量，因为我们假设，在自变量发生变化的情况下，植物生长情况也会发生变化。自变量通常首先被记录，例如植物首先被浇水，然后生长。

自变量通常在因变量之前记录，因为原因必须先于结果。

要对空调和房价之间的关系进行建模，更合理的方法是什么？首先安装空调，然后出售房子，这是理所当然的。这就是 airco 和 price 分别是自变量和因变量的原因。

因为要检验二元自变量对连续因变量的影响，所以我们使用**独立样本 t 检验**。不要总想着去记住在每个特定场合使用哪种检验方法最好，而是应该建立对给定样本进行推断的通用框架。

大多数统计检验会对数据进行一些假设。如果这些假设不成立，则检验结果可能不准确。举例来说，独立样本 t 检验假设观测值互不影响，并且每个观测值仅存在于一组中（也就是说，它们是独立的）。为了充分估计总体均值，通常假设样本呈正态分布。也就是说，考虑到中心极限定理，对于更大的数据集，可以绕过这个约束。Excel 将帮助我们绕过另一个假设：每个总体的方差都相等。

选定检验方法之后，还需要设置一些规则，比如确定检验方法的**统计显著性**。让我们回到先前提到的一个场景，即从样本中推断出的规律并不存在于总体中。这种情况肯定会发生，因为我们永远不会真正知道总体均值。换句话说，我们认为结果具有不确定性。正如第 2 章所述，可以将不确定性量化为介于 0 和 1 之间的一个数。这个数被称为 α（alpha），代表检验的统计显著性。

α 表明，对于在样本中发现的规律可能只是巧合，我们有多大的把握。一个常用的 α 阈值为 5%，本书也将使用这个值。换句话说，当统计显著性水平低于 5% 时，我们很乐意对数据给出结论。

本书遵循在 5% 的统计显著性水平上进行双尾假设检验的标准惯例。

其他常用的统计显著性水平包括 10% 和 1%。对于 α 的值，并没有一个"正确"的标准，它取决于多个因素，如研究目标、可解释性等。

你可能会问：为什么明明知道在总体中可能并不存在某个规律，我们却仍然推断它存在呢？换句话说，为什么 α 不为 0？在这种情况下，根据样本数据，我们无法对总体数据给出任何结论。实际上，如果 α 为 0，那么我们会说，因为我们不想对总体数据的真实情况有任何误解，所以无法给出结论。要做出任何推断，我们都必须冒着犯错误的风险。

我们还需要说明对关系的哪个方向感兴趣。假设空调对房价有正面影响，也就是说，有空调的房子的平均销售价格高于没有空调的房子。但是，空调对房价也可能产生负面影响，比如有些人并不喜欢用空调，或者当地气候适宜，使用空调反倒会导致不必要的开销。这些可能性都是存在的。如果我们有任何疑问，那么统计检验应该既要探究正面影响，也要探究负面影响。这被称为**双尾检验**，我们将在本书中使用这种方法。单尾检验也是可行的，但不常见，也超出了我们的讨论范围。

我们似乎已经做了很多收尾工作，而事实上我们甚至还没有真正接触数据。这些步骤是有必要的，其目的是确保我们在最终进行计算时能够公平地获得数据。假设检验的结果取决于统计显著性水平和检验的尾部数量。正如你稍后将看到的，如果输入稍有不同，比如采用不同的统计显著性水平，那么结果很可能会有差异。这对我们来说是真正的诱惑，因为我们可以先进行计算，再决定检验方法，以获得有利的结果。然而，我们应该避免急于设计出符合假设的结果。

3.1.4　分析数据

现在终于到了你一直期待的时刻：可以开始处理数据了。这部分工作通常最受关注，也是本章的重点，但需要记住的是，这只是假设检验的众多步骤之一。请记住，数据分析是一个迭代过程。在进行假设检验之前，不太可能（也不太现实）没有对这些数据进行过任何分析。事实上，探索性数据分析是假设检验（也称为**验证性数据分析**）的先决条件。在对数据集进行推断之前，我们应该始终熟悉数据集的描述性统计量。本着这种精神，我们来对 housing 数据集进行处理，然后进行分析。

如图 3-1 所示，我们针对 airco 的两个级别计算了描述性统计量，并对 price 的分布进行了可视化。如果需要复习如何进行这些操作，请回顾第 1 章。我在这里重新标记了工具库的输出，以说明每组测量的内容。

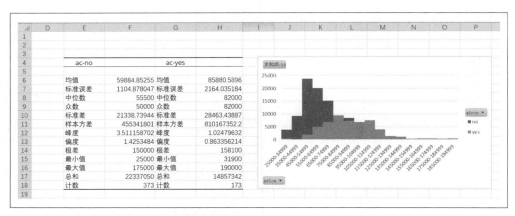

图 3-1：对 housing 数据集进行探索性数据分析

该输出结果中的直方图显示，两组数据近似呈正态分布。根据描述性统计数据可知，样本量相对较大。虽然没有空调的房子比有空调的房子多得多（373 套没有空调，173 套有空调），但这对独立样本 t 检验来说不是问题。

只要两组数据的样本量足够大，独立样本 t 检验对它们的差异就不敏感。其他统计检验可能会受到这种差异的影响。

图 3-1 还给出了各组数据的样本均值：有空调的房子大约价值 86 000 美元，没有空调的房子大约价值 60 000 美元。知道这些信息很好，但我们真的很想知道，总体情况是否也如此。这就是 t 检验的用武之地，我们将再次依靠数据透视表和数据分析工具库来进行 t 检验。

在新工作表中插入数据透视表，把 id 拖到"行标签"区域中，把 airco 拖到"列标签"区域中，在"数值"区域中选择"求和项：price"，然后清除报表中的"总计"一列。这样一来，数据便易于输入到 t 检验菜单中。可以从功能区访问该菜单，路径是"数据→数据分析→ t 检验：双样本异方差假设"。这里提到的"方差"是指亚群体的方差。我们真的不知道各个方差是否相等，所以最好选择这个选项。如果假设方差相等，则会得到更保守的结果。

现在我们会看到图 3-2 所示的对话框。确保勾选"标志"，在其正上方是名为"假设平均差"的选项。默认情况下，"假设平均差"是空的，这意味着我们假设没有差异。这正是我们的零假设，所以我们不需要输入任何值。在"标志"的正下方是名为 α 的选项。这是我们规定的统计显著性水平，Excel 默认其值为 5%（0.05），这也是我们想要的值。

t-检验: 双样本异方差假设	? ✕
输入	
变量 1 的区域(1):	$B$4:$B$550	确定
变量 2 的区域(2):	$C$4:$C$550	取消
假设平均差(E):		帮助(H)
☑ 标志(L)	
α(A): 0.05	
输出选项	
◉ 输出区域(O): $E$2	
○ 新工作表组(P):	
○ 新工作簿(W)	

图 3-2：数据分析工具库中的 t 检验设置菜单

结果如图 3-3 所示。我再次将每组重新标记为 ac-no 和 ac-yes，以区分不同的组。

	D	E	F	G
2		t检验：双样本异方差假设		
3				
4			ac-no	ac-yes
5		均值	59884.85255	85880.5896
6		方差	455341801	810167352.2
7		观测值	373	173
8		假设平均差	0	
9		df	265	
10		t Stat	-10.69882732	
11		$P(T \leqslant t)$ 单尾	9.6667E-23	
12		t 单尾临界	1.650623976	
13		$P(T \leqslant t)$ 双尾	1.93334E-22	
14		t 双尾临界	1.968956281	
15				

图 3-3：t 检验的输出

F5:G7 显示了两个样本的一些信息：它们的均值、方差和样本量（图 3-3 中的"观测值"一行）。假设平均差为 0。

让我们跳过一些统计数据，直接关注单元格 F13，即"$P(T \leqslant t)$ 双尾"。这个名称对你来说可能有些陌生，但你应该很熟悉**双尾检验**，它是我们之前决定关注的检验类型。这个值叫作 p 值，我们将用它来做出决定。

3.1.5 做出决定

如前所述，α 表示统计显著性水平，即在用样本推断总体时，犯拒绝假设错误的可能性大小。p 值量化了我们在数据中发现这种情况的概率，我们将其与 α 进行比较，以做出决定：

- 如果 p 值小于或等于 α，则拒绝零假设；
- 如果 p 值大于 α，则无法拒绝零假设。

让我们用手头的数据来理解这些统计学术语。作为概率，p 值总是介于 0 和 1 之间。单元格 F13 中的 p 值太小，以至于 Excel 要用科学记数法进行表示。该数值是 1.933 34 乘以 10 的负 22 次方，这是一个非常小的数。也就是说，如果样本中的效应真的不存在于总体中，那么我们在总体中发现效应的可能性不到 1%。这远低于 5%（α 的值），因此我们可以拒绝零假设。当 p 值太小以至于需要用科学记数法来记录时，你通常会看到结果被简单地总结为"$p < 0.05$"。

假设 p 值是 0.08 或 0.24。在这些情况下，我们将无法拒绝零假设。为什么要使用这种奇怪的说法呢？我们为什么不说已经"证明"了零假设或备择假设呢？这一切都可以归结为推断统计固有的不确定性。我们永远都不知道真正的亚群体数值，所以更保险的做法是假设两者相等。检验结果可以确认或否认这两种情况的证据，但永远无法确切地证明它们。

虽然 p 值用于对假设检验做出决定，但了解它不能做什么也很重要。举例来说，一个常见的误解是，p 值是犯错误的概率。事实上，不管我们在样本中发现了什么，p 值都假定零假设为真。即使样本中存在"错误"，也根本不会改变这一假设。p 值仅仅告诉我们，如果在总体中不存在效应，那么我们在样本中发现的效应能推广到总体中的概率是多少。

 p 值不是犯错误的概率，而是如果总体中不存在效应，那么样本中的效应能推广到总体中的概率。

另一个常见的误解是 p 值越小，效应量越大。然而，p 值只是度量统计显著性的一个指标：它告诉我们在总体中发现效应的可能性有多大。p 值并不表示实质显著性，也不能体现效应量。统计软件通常只报告统计显著性，而不报告实质显著性。Excel 就是如此：虽然它返回 p 值，但它不返回**置信区间**，也不返回总体的范围。

可以使用图 3-3 的单元格 F14 中的所谓临界值来推导置信区间。这个数（约为 1.97）看起来并不特殊，但实际上我们可以根据在第 2 章中学到的知识理解它。通过 t 检验，我们对平均房价的差异进行采样。如果继续随机采样并绘制平均差的分布图，那么根据中心极限定理，这个分布将是正态分布。

正态分布与 t 分布

对于较小的样本来说，t 分布用于推导 t 检验的临界值。但随着样本量的增加，临界值逐渐收敛到正态分布中的值。当在本书中提到特定的临界值时，我是从正态分布中找到临界值的。由于样本量的原因，这些值可能与你在 Excel 中看到的略有不同。对于样本量为几百的情况（本书使用的样本大多如此），差异应当可以忽略不计。

对于正态分布而言，根据经验法则，约有 95% 的观测值落在均值的 2 个标准差范围内。在均值为 0、标准差为 1 的正态分布（称为**标准正态分布**）中，约有 95% 的观测值介于 −2 和 2 之间。更具体地说，它们介于 −1.96 和 1.96 之间，这就是双尾临界值的推导方式。图 3-4 显示了置信度为 95% 时总体参数的可能范围。

检验统计量与临界值

图 3-3 中的单元格 F10 返回**检验统计量**的数值。虽然我们一直在使用 p 值来决定假设检验的结果，但也可以使用检验统计量：如果它落在临界值的内部极差范围之外，那么我们可以拒绝零假设。检验统计量和 p 值基本一致，如果其中一个表示存在显著性，那么另一个也会如此。因为 p 值通常更容易解释，所以它比检验统计量更常用。

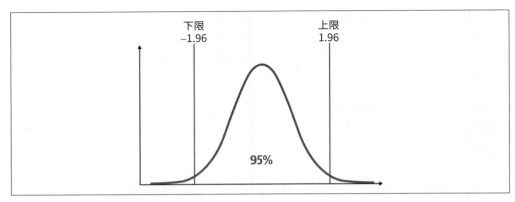

图 3-4：95% 置信区间和临界值

方程 3-1 显示了双尾独立样本 t 检验的置信区间的求解公式。我们将在 Excel 中计算它。

方程 3-1　置信区间的求解公式

$$c.\,i. = \left(\overline{X}_1 - \overline{X}_2\right) \pm ta_{/2} \times \sqrt{\frac{s_1^2}{n_1} + \frac{s_2^2}{n_2}}$$

容我详细解释这个公式。$\left(\overline{X}_1 - \overline{X}_2\right)$ 是点估计值，$ta_{/2}$ 是临界值，$\sqrt{\dfrac{s_1^2}{n_1} + \dfrac{s_2^2}{n_2}}$ 是标准误差。临界值和标准误差的乘积就是误差幅度。

这个公式看起来并不容易理解。为了使它更具体，我已经计算出了置信区间及其中各项，如图 3-5 所示。不要被公式本身所困扰，而应把重点放在理解计算结果上。

▲	D	E	F	G
1				
2		t检验：双样本异方差假设		
3				
4			ac-no	ac-yes
5		均值	59884.85255	85880.5896
6		方差	455341801	810167352.2
7		观测值	373	173
8		假设平均差	0	
9		df	265	
10		t Stat	-10.69882732	
11		P(P≤t) 单尾	9.6667E-23	
12		t 单尾临界	1.650623976	
13		P(P≤t) 双尾	1.93334E-22	
14		t 双尾临界	1.968956281	
15				
16		点估计值	25995.73705	=G5-F5
17		临界值	1.968956281	=F14
18		标准误差	2429.774429	=SQRT((F6/F7)+(G6/G7))
19		误差幅度	4784.119625	=F17*F18
20		置信区间的下限	21211.61742	=F16-F19
21		置信区间的上限	30779.85667	=F16+F19

图 3-5：在 Excel 中计算置信区间

首先来看看单元格 F16 中的点估计值，即最有可能在总体中发现的效应值。它其实就是各组样本均值之差。毕竟，如果样本能够代表总体，那么样本均值和总体均值的差异应该可以忽略不计，但二者可能不会完全相等。我们将得出一系列值，在其中，我们有 95% 的信心找到真正的差异。

接下来看看单元格 F17 中的临界值。虽然 Excel 直接提供了该值，但为了便于分析，我在这里将其列了出来。如前所述，可以使用临界值找到 95% 的观测值，这些值大约在均值的 2 个标准差范围内。

单元格 F18 中的是标准误差。实际上，我们已经在数据分析工具库的描述性统计量输出中见过这个术语，如图 3-1 所示。为了理解标准误差，想象我们从总体中一遍又一遍地重新采集房价样本。每一次，我们都会得到稍微不同的样本均值。这种变化称为**标准误差**。标准误差越大，说明样本在代表总体方面的准确度越低。

样本的标准误差可以通过将其标准差除以样本量来计算。因为我们计算的是均值差异的标准误差，所以公式要复杂一些，但仍然遵循相同的模式：样本的变异性体现在分子中，观测值的数量体现在分母中。这是有道理的：一方面，如果每个样本均值本身的变异性较大，那么样本差异的变异性也理应较大；另一方面，随着样本量的增加，变异性会越来越小。

现在取临界值和标准误差的乘积，以获得单元格 F19 中的**误差幅度**。你可能听过这个术语，比如民意调查报告经常提到它。误差幅度是对点估计值的变化幅度的估计。以图 3-5 为例，虽然点估计值约为 25 996 美元，但我们认为减少约 4784 美元也是可以接受的。

因为这是一个双尾检验，所以这种差异在两个方向上都有所体现。也就是说，需要减去和加上误差，以分别得出置信区间的下限和上限，如图 3-5 中的单元格 F20 和 F21 所示。结果显示，我们有 95% 的信心认为，有空调的房子的平均售价比没有空调的房子高 21 211 美元 ~ 30 780 美元。

为什么要费尽心机地推导置信区间呢？作为一种度量实质显著性（而非统计显著性）的指标，它通常更适合普通受众，因为它以研究假设所用的语言表述统计假设检验的结果。假设你是一家银行的研究分析师，要向管理层汇报这项房价研究的结果。管理者并不知道从哪里开始进行 t 检验，但他们的职业生涯依赖于根据分析结果做出明智的决策，因此你希望使 t 检验的结果尽可能易懂。就以下两种说法而言，你认为哪种说法更有帮助？

- "我们拒绝零假设，即有空调的房子和没有空调的房子在平均售价上没有差异（$p < 0.05$）。"
- "我们有 95% 的信心认为，有空调的房子的平均售价比没有空调的房子高 21 211 美元 ~ 30 780 美元。"

几乎任何人都能理解第二种说法，而理解第一种说法则需要掌握一定的统计学知识。不过，置信区间不仅仅是面向外行的，学术界和数据分析界也在推动将其与 p 值一起报告。毕竟，p 值仅度量统计效应，而不是实质性的结果。

尽管 p 值和置信区间从不同角度显示了结果，但是它们基本上总是一致的。为了理解这一点，让我们对 housing 数据集进行另一个假设检验。这一次，我们想知道平均地块面积（lotsize）在有无完整地下室（fullbase）的情况下是否存在显著差异。要了解这种关系，也可以使用 t 检验。我将在一张新的工作表中遵循与之前相同的步骤，结果如图 3-6 所示。（别忘了先探索这些新变量的描述性统计量。）

	D	E	F	G
1				
2		t检验：双样本异方差假设		
3				
4			fullbase-no	fullbase-yes
5		均值	5074.814085	5290.502618
6		方差	4683966.27	4726820.23
7		观测值	355	191
8		假设平均差	0	
9		df	387	
10		t Stat	-1.107303893	
11		P(P≤t) 单尾	0.134425163	
12		t 单尾临界	1.648800515	
13		P(P≤t) 双尾	0.268850325	
14		t 双尾临界	1.966112774	
15				
16		点估计值	215.6885333	=G5-F5
17		临界值	1.966112774	=F14
18		标准误差	194.7871173	=SQRT((F6/F7)+(G6/G7))
19		误差幅度	382.9734396	=F17*F18
20		置信区间的下限	-167.2849064	=F16-F19
21		置信区间的上限	598.6619729	=F16+F19

图 3-6：有完整地下室对平均地块面积的影响

因为 p 值约为 0.27，所以这项检验的结果不具有统计显著性。至于实质显著性，我们有 95% 的信心认为，平均地块面积的差异介于 −167 平方英尺 [1] 和 599 平方英尺之间。换句话说，差异既可能是负值，也可能是正值，但我们不能确定。基于上述任一结果，我们未能拒绝零假设，即平均地块面积没有显著差异。这些结果总是一致的，因为它们都部分基于统计显著性水平：α 决定我们如何评估 p 值，并设置用于推导置信区间的临界值。

假设检验与数据挖掘

我们是否真的期望平均地块面积和有无完整地下室之间存在显著的关系呢？这是值得怀疑的。毕竟，这些变量之间的关系不如空调对房价的影响那么明显。事实上，我选择检验这种关系的目的只是刻意展示不具有统计显著性的关系。在大多数情况下，挖掘数据并寻找重要关系更具有诱惑力。廉价的计算资源让我们可以无拘无束地进行数据分析，但如果分析结果不符合逻辑，或与我们的经验相悖，那么无论结果的说服力有多强，我们都应该谨慎对待它。

注 1：在 housing 数据集中，地块面积的单位是平方英尺。1 平方英尺约等于 0.09 平方米。——编者注

如果曾经构建过财务模型，那么你可能很熟悉如何对工作进行假设分析，看看在给定输入或假设的情况下，模型的输出会如何变化。本着同样的精神，让我们来看看针对地下室和平均地块面积的 t 检验会有什么不同。因为我们将处理数据分析工具库的输出结果，所以明智的做法是将单元格 E2:G21 中的数据复制并粘贴到新表格中，以便保留原始数据。我将这些数据放在当前工作表的单元格 J2:L21 中。此外，我还突出显示了单元格 K7:L7 和 K14，这样就可以清楚地看到它们被修改了。

我在这里修改了样本量和临界值。在查看置信区间的结果之前，试着根据你所知道的这些数之间的关系来猜测会发生什么。首先，我将每组的样本量设置为 550 个观测值。这是一个"冒险游戏"：我们实际上并没有收集 550 个观测值，但要理解统计数据，有时必须大胆尝试。接着，将统计显著性从 95% 更改为 90%，得到的临界值为 1.64。这也是冒险的做法（你很快就会知道原因）。统计显著性应该在分析之前锁定。

图 3-7 显示了假设分析的结果。置信区间为 1 美元~ 430 美元，表明具有统计显著性，不过显著性水平几乎为零。

	I	J	K	L
1				
2		t检验：双样本异方差假设（假设分析）		
3				
4			fullbase-no	fullbase-yes
5		均值	5074.814085	5290.502618
6		方差	4683966.27	4726820.23
7		观测值	550	550
8		假设平均差	0	
9		df	387	
10		t Stat	-1.107303893	
11		$P(P \leq t)$ 单尾	0.134425163	
12		t 单尾临界	1.648800515	
13		$P(P \leq t)$ 双尾	0.268850325	
14		t 双尾临界	1.64	
15				
16		点估计值	215.6885333	=L5-K5
17		临界值	1.64	=K14
18		标准误差	130.8071898	=SQRT((K6/K7)+(L6/L7))
19		误差幅度	$215	=K17*K18
20		置信区间的下限	$1	=K16-K19
21		置信区间的上限	$430	=K16+K19
22				

图 3-7：对置信区间进行假设分析

要计算相应的 p 值，有多种方法。不过，因为它基本上与置信区间一致，所以我们将跳过这个练习。我们的检验具有重大意义，这将对资金、声誉和荣誉产生重大影响。

以上分析说明，假设检验的结果很容易被操控。有时，只需要采用不同的统计显著性水平，就可以拒绝零假设。如上述例子所示，重新采样或者错误地增加观测值的数量也可以做到这一点。即使没有人恶意操控结果，也很难确定真的找到了总体参数。

3.2 数据由你主宰

在进行推断统计时，你可能很容易进入"自动驾驶"状态，只是机械地输入数据和得出 p 值，而不考虑数据收集过程或结果的实质性意义。如你所见，结果对统计显著性水平或样本量的变化十分敏感。为了展示另一种可能性，我们基于 housing 数据集再举一个例子。

你可以自己尝试检验有无燃气供暖的房子在销售价格上是否存在显著差异。相关的变量为 price 和 gashw。结果如图 3-8 所示。

	F	G	H	I
2				
3		t检验：双样本异方差假设		
4				
5			gas-yes	gas-no
6		均值	79428	67579.06334
7		方差	923472100	698250450.3
8		观测值	25	521
9		假设平均差	0	
10		df	26	
11		t Stat	1.915131244	
12		$P(P \leqslant t)$ 单尾	0.033268787	
13		t 单尾临界	1.70561792	
14		$P(P \leqslant t)$ 双尾	0.066537575	
15		t 双尾临界	2.055529439	
16				
17		点估计值	-11848.93666	=I6-H6
18		临界值	2.055529439	=H15
19		标准误差	6187.010263	=SQRT((H7/H8)+ (I7/I8))
20		误差幅度	12717.58173	=H18*H19
21		置信区间的下限	-24566.51839	=H17-H20
22		置信区间的上限	868.6450729	=H17+H20

图 3-8：使用燃气供暖对房价影响的 t 检验结果

单从 p 值来看，我们不能拒绝零假设：它毕竟大于 0.05。但是，0.067 并不比 0.05 大多少，这是值得关注的。考虑样本量：使用燃气供暖的房子只有 25 个观测值。在这种情况下，最好收集更多的数据，再最终决定是否拒绝零假设。当然，你可能会在进行 t 检验之前（在做描述性统计期间）就发现观测值不够。

出于同样的原因，置信区间也值得进一步研究。如果仅根据 p 值盲目地拒绝零假设，那么你可能会漏掉数据中的一个潜在的重要关系。请留意这种"边缘情况"：如果在这个示例数据集中就已经发现了一个边缘情况，那么你在实际的数据分析工作中极有可能发现更多的类似情况。

统计量和分析技术是理解世界的强大工具，但它们只是工具而已。如果没有一个熟练的"数据工匠"来控制，它们充其量只能算是无用的，甚至是有害的。不要满足于从表面上理解 p 值，要考虑统计量的深层含义和你想实现的目标（正如你所见，统计检验的结果是可以操控的，但你不应该这样做）。记住，数据由你主宰。

3.3　本章小结

你可能想知道，为什么一本数据分析书会花整整一章来讨论看似晦涩难懂的概率问题。我希望原因已经很清楚了：因为不知道总体参数，所以我们必须将这种不确定性量化为概率。在本章中，我们使用了推断统计和假设检验的框架来探索两组之间的均值差异。接下来，我们将用这个框架检验一个连续变量对另一个连续变量的影响。你可能听说过线性回归方法。虽然它与假设检验不同，但二者背后的统计学框架是相同的。

3.4　练习

现在轮到你对数据集进行推断统计了。在随书文件包的 datasets 文件夹中找到 tips 子文件夹，然后在该子文件夹中找到 tips.xlsx 数据集，并尝试完成以下练习。

1. 检验一天中不同的时间（午餐时间和晚餐时间，在数据集中分别为 Lunch 和 Dinner）与总账单金额（total_bill）之间的关系：

   - 你的统计假设是什么？
   - 你得到的结果是否具有统计显著性？这有什么证据支持你的假设？
   - 估计的效应量是多少？

2. 针对一天中不同的时间和小费（tip）之间的关系，回答相同的问题。

## 第 4 章

相关性和回归

你听说过吃冰激凌与鲨鱼袭击事件有关吗？显然，连大白鲨也很难抵挡薄荷巧克力片的诱惑。图 4-1 描绘了这一假设关系。

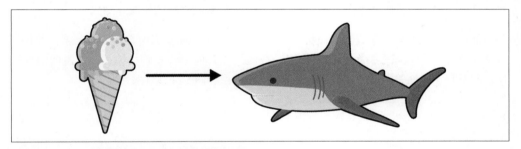

图 4-1：吃冰激凌与鲨鱼袭击事件之间的假设关系

"不是这样的，"你可能会反驳道，"这并不一定意味着鲨鱼袭击是由人们吃冰激凌引起的。"

你的理由是这样的："随着室外温度的升高，人们会食用更多的冰激凌。天气变暖时，人们也会花更多时间在海边。因此，鲨鱼袭击事件和冰激凌销量同时增多只是巧合。"

4.1 "相关并不等于因果"

你可能已经多次听过这种说法："相关并不等于因果。"

我们在第 3 章中知道，因果关系是统计学中一个令人望而生畏的概念。因为没有能够确定因果关系的全部数据，所以我们只能拒绝零假设。撇开语义上的差异不谈，相关性是否与因果关系有关呢？标准的解释往往过于简化了它们的关系。使用之前学过的推断统计工具，你将在本章中了解为什么我会这样说。

这将是我们重点使用 Excel 的最后一章。在本章中，你将充分掌握分析框架，并为进入 R 和 Python 的世界做好准备。

4.2　相关性简介

到目前为止，我们主要一次分析一个变量的统计数据。比如，我们计算了平均阅读成绩或房价的方差。这称为**单变量分析**。

另外，我们也做了一些**双变量分析**。比如，我们使用双向频率表比较了两个分类变量的频率。此外，我们还分析了一个连续变量，将其按分类变量的多个级别分组，计算每一组的描述性统计量。

接下来，我们将利用相关性计算两个连续变量的二元度量指标。更具体地说，我们将使用**皮尔逊相关系数**来衡量两个变量之间的线性关系的强度。如果不存在线性关系，那么皮尔逊相关系数就不适用。

如何知道数据是线性的呢？虽然有更严格的检查方法，但可视化永远是一个很好的入手点。具体地说，我们将使用散点图来描绘基于横坐标和纵坐标的所有观测值。

如果能通过散点图画一条直线来概括整个模式，那么就说明数据中存在线性关系，并且可以使用皮尔逊相关系数。如果需要使用一条曲线或其他形状来概括模式，则说明情况相反，即不存在线性关系。图 4-2 展示了一个线性关系和两个非线性关系。

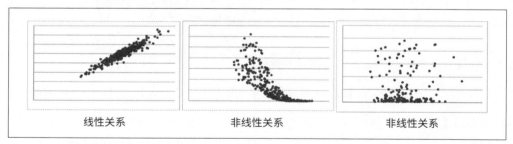

线性关系　　　　　　非线性关系　　　　　　非线性关系

图 4-2：线性关系与非线性关系

具体地说，图 4-2 给出了一个**正线性关系**的示例：随着横轴上的值增大，纵轴上的值也增大（以线性速率增大）。

除了正相关性，也可能存在**负相关性**，甚至根本不存在相关性。图 4-3 展示了不同类型的相关性。记住，只有当存在线性关系时，才能考虑相关性。

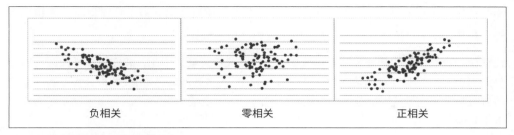

负相关　　　　　　　零相关　　　　　　　正相关

图 4-3：负相关、零相关和正相关

一旦确定数据是线性的，我们就可以计算相关系数。相关系数总是介于 −1 和 1 之间，其中 −1 表示完全负相关，1 表示完全正相关，0 表示完全没有线性关系。表 4-1 列出了评估相关系数强度的一些经验法则。不过，这些都不是正式标准，只起抛砖引玉的作用，目的是帮助你理解相关系数。

表4-1：对相关系数的解释

相关系数	解　　释
−1.0	完全负相关
−0.7	强负相关
−0.5	中度负相关
−0.3	弱负相关
0	没有线性关系
0.3	弱正相关
0.5	中度正相关
0.7	强正相关
1.0	完全正相关

有了相关性的基本概念框架后，让我们在 Excel 中进行一些分析。我们将使用车辆燃油效率数据集。打开随书文件包中的 datasets 文件夹，找到 mpg 子文件夹，即可找到 mpg.xlsx。这是一个新的数据集，所以请花一些时间了解它：我们使用的是什么类型的变量？使用第 1 章介绍的工具对它们进行总结和可视化。为便于后续分析，请不要忘记添加索引列并将数据集转换为数据表（我将其命名为 mpg）。

Excel 函数 CORREL() 用于计算两个数组之间的相关系数：

```
CORREL(array1, array2)
```

让我们使用该函数在数据集中探索 weight 和 mpg 之间的相关性：

```
=CORREL(mpg[weight], mpg[mpg])
```

该函数确实返回了一个介于 −1 和 1 之间的值：−0.832。（你还记得怎样理解这个结果吗？）

相关矩阵表示所有变量对之间的相关性。现在我们使用数据分析工具库构建一个相关矩阵。在功能区中，依次选择"数据→数据分析→相关系数"。

请记住，我们要做的是度量两个连续变量之间的线性关系。因此，我们应该排除分类变量（如 origin），并明智地纳入离散变量（如 cylinders 或 model.year）。数据分析工具库要求所有变量都有连续的取值范围，因此我们谨慎地纳入变量 cylinders。图 4-4 显示了数据分析工具库的窗口。

图 4-4：在 Excel 中插入相关矩阵

这将生成图 4-5 所示的相关矩阵。

	A	B	C	D	E	F	G
1		mpg	cylinders	displacement	horsepower	weight	cceleration
2	mpg	1					
3	cylinders	-0.777617508	1				
4	displacement	-0.805126947	0.950823301	1			
5	horsepower	-0.778426784	0.842983357	0.897257002	1		
6	weight	-0.832244215	0.89752734	0.932994404	0.864537738	1	
7	acceleration	0.423328537	-0.504683379	-0.543800497	-0.68919551	-0.416839202	1
8							
9							
10							

图 4-5：Excel 中的相关矩阵

我们可以看到，单元格 B6 中的值约为 -0.83；它是 weight 行和 mpg 列的交点。单元格 F2 中的值也相同，但 Excel 将一半矩阵留空，因为这些单元格中的是冗余信息。对角线上的所有值都是 1，因为任何变量都与自身完全正相关。

只有当两个变量之间存在线性关系时，皮尔逊相关系数才是合适的描述方法。

通过分析变量之间的相关性，我们大胆地对变量做了假设。你能想到那是什么假设吗？我们假设**变量之间的关系是线性的**。让我们用散点图来检验这个假设。遗憾的是，我们无法利用 Excel 的基本功能一次性生成每对变量的散点图。作为练习，请把它们全部画出来。这里，我们仅考虑变量 weight 和 mpg。首先选中数据，然后在功能区中依次单击"插入→散点图"。

我们将为散点图添加一个自定义标题，并重命名坐标轴，以便解释数据。双击标题以进行修改。要重命名坐标轴，请单击散点图的边缘，然后选择出现的加号以展开"图表元素"菜单。（在 macOS 中，请单击散点图内部，然后依次选择"图表设计→添加图表元素"。）在菜单中选择"坐标轴标题"。图 4-6 显示了散点图绘制结果。坐标轴标题包含测量单位，以帮助他人理解数据。这是一个好做法。

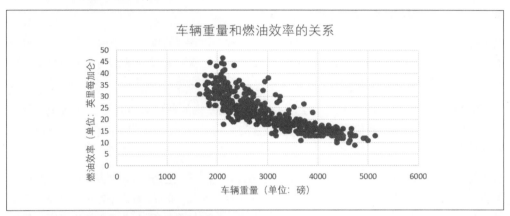

图 4-6：用散点图展示车辆重量和燃油效率的关系

图 4-6 所示的关系看起来基本上是负线性关系，数据分布偏向车辆重量较轻和燃油效率较高的区域。默认情况下，Excel 会沿横轴绘制我们选中的第 1 个变量，并沿纵轴绘制第 2 个变量。不妨尝试调换两个变量在工作表中的顺序，然后插入新的散点图。

结果如图 4-7 所示。虽然 Excel 是很好的工具，但和其他工具一样，我们必须告诉它该做什么。无论变量间是否为线性关系，Excel 都将计算相关性并绘制散点图，但不考虑变量应位于哪条轴上。

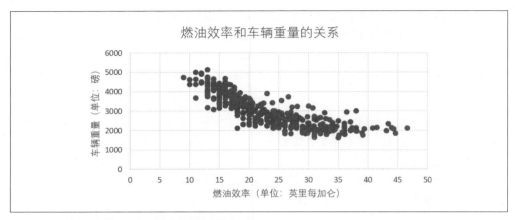

图 4-7：用散点图展示燃油效率和车辆重量的关系

以上哪张散点图是"正确"的呢？这有关系吗？按照惯例，自变量位于横轴上，因变量位于纵轴上。请花点儿时间考虑在本例中哪个是自变量，哪个是因变量。如果你不确定，请记住自变量通常是先测量的变量。

本例中的自变量是 weight（车辆重量），因为它是由车辆的设计和制造决定的。mpg（燃油效率）是因变量，因为我们假设它受车辆重量的影响。因此，应该用横轴表示 weight，而用纵轴表示 mpg。

在商业分析中，仅仅为了统计分析而收集数据并不常见。比如，mpg 数据集中的车辆是为产生收益而制造的，而不是为了研究车辆重量对燃油效率的影响而制造的。因为自变量和因变量并不总是显而易见，所以我们需要了解这些变量测量的是**什么**，以及它们是**如何**测量的。这就是为什么有一定的领域知识很重要，或者至少知道变量的含义及数据的收集方式。

4.3　从相关性到回归

虽然我们通常用横轴表示自变量，但即使不这样做，也不会对相关系数造成影响。然而，有一点需要特别注意，它与我们之前提到的用一条直线来概括散点图中的模式有关。这种做法即为**线性回归**。

计算相关性时，我们并不在乎变量究竟是自变量还是因变量。相关性的定义不涉及自变量或因变量，而仅是"两个变量一起线性变化的程度"。

与相关性不同，线性回归从根本上受到这种关系的影响，即"自变量 X 的单位变化对因变量 Y 的预估影响"。

你将看到，通过散点图拟合的直线可以表示为一个方程。与相关系数不同，该方程取决于我们如何定义自变量和因变量。

线性回归与线性模型

你可能经常听到有人把**线性回归**称为**线性模型**。线性模型是众多统计模型之一。就像火车模型一样，统计模型也是对某个现实主题的可行近似。具体地说，我们使用统计模型来理解因变量和自变量之间的关系。模型无法解释它所代表的一切，但这并不意味着模型毫无用处。正如数学家 George Box 所言："所有模型都是错误的，但有些是有用的。"

与相关性一样，线性回归假设两个变量之间存在线性关系。此外，还有一些其他假设，我们在对数据进行建模时必须予以考虑。我们不希望出现可能对线性关系的总体趋势产生太大影响的极端观测值。

为便于演示，我们暂且忽略此假设和其他假设。这些假设通常很难使用 Excel 进行检验。当深入研究线性回归时，拥有统计编程知识将颇有助益。

别紧张，又到了学习方程的时间了，如方程 4-1 所示。

方程 4-1　线性回归方程

$$Y = \beta_0 + \beta_1 \times X + \epsilon$$

方程 4-1 的目标是预测等号左侧的因变量 Y。你可能还记得，一条直线由其截距和斜率决定，其中截距和斜率分别是 β_0 和 β_1。在方程等号右侧的第 2 项中，我们将自变量乘以**斜率系数**。

模型并不能完全解释自变量和因变量之间的关系，其中有一部分影响来自模型外部。这被称为模型的误差，由 ϵ 表示。

在前文中，我们使用独立样本 t 检验来检验两组均值的显著性差异。这里，我们测量的是一个连续变量对另一个连续变量的线性影响。要实现这一点，我们将检查拟合回归线的斜率是否和零有显著差异。这意味着我们的零假设 H_0 和备择假设 H_a 如下所述。

H_0：自变量对因变量没有线性影响。（拟合回归线的斜率为零。）

H_a：自变量对因变量有线性影响。（拟合回归线的斜率不为零。）

图 4-8 显示了斜率为零和斜率不为零的回归模型示例。

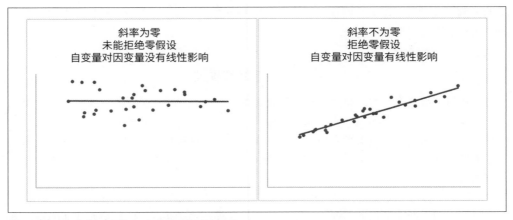

图 4-8：斜率为零和斜率不为零的回归模型示例

请谨记，因为数据不完整，所以我们不知道总体数据的"真实"斜率是多少。相反，我们所做的是根据给定的样本，推断斜率在统计学意义上是否等于零。就像之前发现两组均值的差异一样，我们也可以使用 p 值方法来估计斜率的统计显著性。我们将继续以 95% 的置信区间进行双尾检验。现在开始使用 Excel 查看结果。

4.4　Excel中的线性回归

在针对 mpg 数据集的 Excel 线性回归示例中，我们检验车辆重量（变量 weight）是否对其燃油效率（变量 mpg）有显著影响。这意味着我们的零假设 H_0 和备择假设 H_a 如下所述。

H_0：车辆重量对燃油效率没有线性影响。

H_a：车辆重量对燃油效率有线性影响。

在开始检验之前，最好使用本例中的变量名写出线性回归方程，如方程 4-2 所示。

方程 4-2　估算燃油效率的线性回归方程

$$mpg = \beta_0 + \beta_1 \times weight + \epsilon$$

我们先来可视化回归结果。我们已经有了图 4-6 所示的散点图，现在只需将回归线叠加或"拟合"到图上即可。单击散点图的边缘以弹出"图表元素"菜单。首先单击"趋势线"旁边的三角形，然后单击侧面的"更多选项"。单击"设置格式趋势线"底部的单选按钮，选中"显示公式"。

现在单击公式，设置粗体格式，并将其字号增大为 14。使趋势线为纯黑色，并且其线条的宽度为 2.5。趋势线的散点图如图 4-9 所示。Excel 还提供了方程 4-2 所示的线性回归方程，用于根据车辆重量估算其燃油效率。

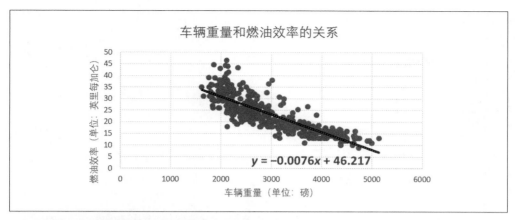

图 4-9：用散点图和趋势线表示车辆重量对燃油效率的影响

可以把截距放在斜率之前，如方程 4-3 所示。

方程 4-3 估算燃油效率的线性回归方程（代入截距和斜率）

$$mpg = 46.127 - 0.0076 \times weight$$

请注意，Excel 提供的线性回归方程没有误差项。现在我们已经拟合了回归线，并且量化了方程中的期望值与数据中的观测值之间的差异。这种差异称为**残差**，本章稍后会进一步讨论。现在回归正题：确定统计显著性。

Excel 拟合了这条线，并给出了方程。这真是太棒了！但这并没有给我们足够的信息来检验假设：我们仍然不知道该直线的斜率是否在统计学意义上不为零。为了获得相关信息，我们再次使用数据分析工具库。在功能区中，依次选择"数据→数据分析→回归"。Excel 将要求我们选择 X 和 Y 的输入区域。这些分别是自变量和因变量。确保勾选"标志"选项，如图 4-10 所示。

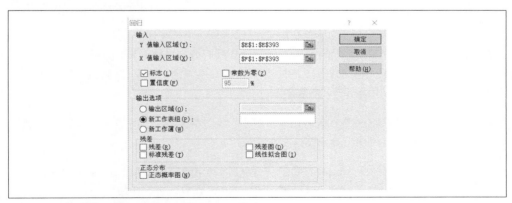

图 4-10：使用数据分析工具库进行回归分析的菜单设置

这将产生大量信息，如图 4-11 所示。现在来逐步了解。

	A	B	C	D	E	F	G	H	I
1	汇总输出								
2									
3		回归统计							
4	Multiple R	0.832244215							
5	R Square	0.692630433							
6	Adjusted R Square	0.691842306							
7	标准误差	4.332712097							
8	观测值	392							
9									
10	方差分析								
11		df	SS	MS	F	Significance F			
12	回归分析	1	16497.75976	16497.75976	878.8308864	6.0153E-102			
13	残差	390	7321.233706	18.77239412					
14	总计	391	23818.99347						
15									
16		系数	标准误差	t Stat	p 值	下限95%	上限95%	下限95.0%	上限95.0%
17	截距	46.21652455	0.798672463	57.86668086	1.6231E-193	44.64628231	47.78676679	44.64628231	47.78676679
18	weight	-0.007647343	0.000257963	-29.64508199	6.0153E-102	-0.008154515	-0.00714017	-0.008154515	-0.00714017
19									

图 4-11：回归分析的汇总输出

让我们暂时忽略单元格 A3:B8 所示的第一部分，稍后再讨论。单元格 A10:F14 所示的第二部分是**方差分析**的结果。这些数据说明了，与仅包含截距的回归模型相比，包含斜率系数的回归模型是否表现得更好。

表 4-2 列出了对照的式子。

表4-2：仅包含截距的模型与包含斜率系数的模型

仅包含截距的模型	包含斜率系数的模型
mpg = 46.217	mpg = 46.217 − 0.0076 × weight

具有统计显著性的结果表明，系数确实改善了模型。如图 4-11 所示，我们可以根据单元格 F12 中的 p 值确定检验结果。记住，这里采用了科学记数法，因此我们将该 p 值读作"6.0153 乘以 10 的负 102 次方"，这远小于 0.05。由此，我们可以得出结论：在回归模型中，weight 作为系数是值得保留的。

这就引出了单元格 A16:I18 所示的第三部分，也是我们最初寻找的目标。这些单元格包含很多信息。让我们从单元格 B17:B18 中的系数开始逐列讨论。你应该比较熟悉这些数值，因为它们正是方程 4-3 中给出的截距和斜率。[1]

接着看 C17:C18 中的标准误差。我们在第 3 章中讨论过标准误差。它是对重复样本的变异性的度量，在本例中可被视为对系数精度的度量。

然后看 D17:D18 中的 t Stat。Excel 将检验统计量称为 t Stat，表示 test statistic。t Stat 可以通过将系数除以标准误差来求得。我们可以将 t Stat 与临界值进行比较，以确定 95% 置信

注 1：方程 4-3 中的数值经过四舍五入。——编者注

度下的统计显著性。

然而，解释和报告 p 值更为常见。p 值和 t Stat 提供了相同的信息。图 4-11 中有两个 p 值。首先是 E17 中的截距 p 值，它表明截距是否明显不为零。截距的显著性不是假设检验的一部分，因此该信息是无关的。（这个例子很好地说明了为什么我们不能总是从表面上理解 Excel 的输出结果。）

虽然大多数统计软件包（包括 Excel）提供了截距 p 值，但它通常不是相关信息。

其次，我们希望得到 weight 的 p 值，如单元格 E18 所示。它与直线的斜率有关。由于该 p 值远小于 0.05，因此我们可以拒绝零假设。换句话说，直线的斜率明显不为零。就像在之前的假设检验中一样，我们避免说已经"证明"车辆重量增加会导致燃油效率降低。再次强调，我们仅基于样本对总体进行推断，因此结论具有不确定性。

Excel 的输出还提供了截距和斜率的 95% 置信区间，如单元格 F17:I18 所示。默认情况下，这里的数值会出现两次。不过，如果在输入菜单中设置不同的置信度，那么我们会在这些单元格中看到两个置信区间的数值。

现在，你已经掌握了解释回归分析结果的窍门。让我们尝试根据方程进行点估计：对于一辆重量为 3021 磅[2] 的汽车，我们估计它的燃油效率是多少？我们将数代入线性回归方程，得到以下等式：

$$\text{mpg} = 46.217 - 0.0076 \times 3021$$

根据以上等式，我们估计一辆重达 3021 磅的汽车的燃油效率约为 23.26 英里每加仑，即每消耗 1 加仑汽油就可以行驶大约 23.26 英里[3]。看看源数据集：有一个观测值为 3021 磅（福特 Maverick，数据集中的第 101 行），但它对应的燃油效率是 18 英里每加仑，而非 23.26 英里每加仑。这说明什么呢？

这种差异即为我们之前提到的**残差**：它是我们通过线性回归方程估计的值与实际的观测值之间的差异，如图 4-12 所示。图中的点表示观测值，直线则表示预测值。

我们的目标当然是最小化观测值和预测值之间的差异。Excel 和大多数回归应用程序使用**普通最小二乘法**（ordinary least squares，OLS）来实现这一点。OLS 的目标是最小化残差，特别是**残差平方和**，以便同等测量负残差和正残差。残差平方和越小，说明观测值和预测值之间的差异越小，线性回归方程给出的估计结果也就越好。

注 2：约为 1370 千克。——编者注
注 3：约为 37.43 千米。——编者注

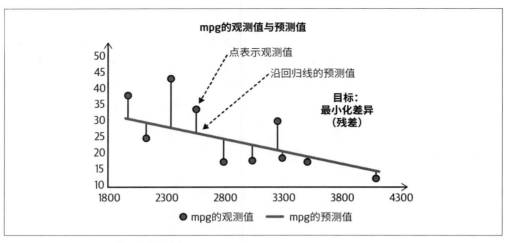

图 4-12：观测值和预测值之间的差异

从斜率的 p 值可知，自变量和因变量之间存在显著关系。但这并没有告诉我们因变量的变异性在多大程度上可由自变量解释。

记住，变异性是数据分析的核心。变量会变化，我们想研究其变化的**原因**。通过了解自变量和因变量之间的关系，我们可以通过实验做到这一点。不过，我们不能用自变量解释所有关于因变量的事情。总有一些无法解释的误差。

R 方，或称**决定系数**（Excel 称之为 R Square），表示因变量的变异性由回归模型解释的部分所占的百分比。举例来说，R 方为 0.4 表示 Y 中 40% 的变异性可由回归模型解释。这意味着回归模型无法解释的部分所占的百分比为 1 减 R 方。如果 R 方为 0.4，则 Y 中 60% 的变异性无法由回归模型解释。

Excel 在回归统计输出的第 2 行给出 R 方，如图 4-11 中的单元格 B5 所示。R 方的平方根是 Multiple R，如单元格 B4 所示。对于具有多个自变量的模型，调整后的 R 方（Adjusted R Square，见单元格 B6）是对 R 方更保守的估计。当进行**多元线性回归**时，我们会用到这一指标，不过这方面的内容超出了本书的讨论范围。

多元线性回归

本章主要讨论单变量线性回归，即一个自变量对一个因变量的影响。除此之外，也可以构建多元回归模型来估计多个自变量对一个因变量的影响。这些自变量可以包括分类变量，而不仅仅是连续变量。要详细了解如何在 Excel 中进行更复杂的线性回归分析，请阅读 Conrad Carlberg 的 *Regression Analysis Microsoft Excel*。

除了 R 方，我们还可以用其他指标来评估回归模型的性能。Excel 在其输出中提供了其中一种，即标准误差，如图 4-11 中的单元格 B7 所示。该指标表示观测值偏离回归线的平均距离。尽管 R 方仍然是主流选择，但一些分析师在评估回归模型的性能时更喜欢使用标准误差或其他指标。不管偏好如何，最好的评估结果通常都基于多个值，因此没有必要依赖或舍弃任何一个指标。

祝贺你！你已经进行并理解了完整的回归分析。

4.5 反思结果：虚假关系

基于时间顺序和逻辑，我们几乎可以肯定，在燃油效率的例子中，weight 应该是自变量，mpg 则应该是因变量。但是如果我们用这些变量反向拟合回归线，那么会得到什么结果呢？请使用数据分析工具库进行尝试。相应的线性回归方程如方程 4-4 所示。

方程 4-4　基于燃油效率估算车辆重量

$$\text{weight} = 5101.1 - 90.571 \times \text{mpg}$$

如果调换自变量和因变量，那么相关系数不会改变。但在回归分析中做这样的调换时，**系数会改变**。

如果我们发现 mpg 和 weight 同时受到第 3 个变量的影响，那么说明这两个模型都不准确。这与冰激凌和鲨鱼的例子同理。吃冰激凌会导致鲨鱼袭击事件，这样说毫无根据，因为这两者都受气温的影响，如图 4-13 所示。

图 4-13：吃冰激凌与鲨鱼袭击之间存在虚假关系

这被称为**虚假关系**。它在数据中很常见，而且往往并不像在本例中这样显而易见。要发现虚假关系，掌握一定的领域知识至关重要。

变量可能相互关联，甚至变量之间可能存在因果关系的证据。但这种关系可能由我们完全没有考虑到的变量所致。

4.6 本章小结

还记得这句老话吗？

> 相关并不等于因果。

分析具有很强的增量性：我们通常将一个概念置于另一个概念之上，以进行越来越复杂的分析。比如，在试图推断总体参数之前，我们总是从样本的描述性统计量着手。虽然相关并不等于因果，但因果关系基于相关性。这意味着二者的关系可以更好地总结如下：

> 相关性是因果关系的必要条件，但不是充分条件。

在本章和前几章中，我们仅从表面上了解了推断统计。除了假设检验，还有其他许多检验方法，但它们都使用假设检验框架。了解了这个过程，你将能够检验各种数据关系。

4.7 高阶编程阶段

但愿你已经意识到并认可 Excel 是学习统计学和数据分析的绝佳工具。你亲身实践了推动这项工作的统计学原理，并学习了如何探索和检验真实数据集中的关系。

不过，当涉及更高级的分析时，Excel 的优势就显得捉襟见肘了。举例来说，我们一直在使用图表查看数据的正态性和线性等属性，这是一个良好的开端，但其实有更可靠的方法来检验这些属性（事实上，我们通常使用统计推断）。这些方法通常依赖于矩阵代数和其他计算密集型运算，而在 Excel 中进行这些运算可能会很烦琐。虽然可以使用插件来弥补 Excel 的这些缺点，但它们可能很昂贵且缺乏特定的功能。由于 R 和 Python 等开源工具是免费的，并且提供类似于应用程序的程序包，因此它们几乎可以应用于任何用例。这些语言让我们能够专注于对数据进行概念分析，而不是原始计算，但我们需要学习如何编程。数据分析栈将是第 5 章的重点。

4.8　练习

通过分析随书文件包中的 ais 数据集（位于 datasets 文件夹中），练习相关性分析和回归分析的技巧。该数据集包括从事不同运动项目的澳大利亚男女运动员的身高、体重和血压读数等数据。

针对该数据集，请尝试进行以下操作。

1. 生成相关变量的相关矩阵。
2. 将 ht 和 wt 的关系可视化。这是线性关系吗？如果是，那么它是负线性关系还是正线性关系？
3. 关于 ht 和 wt，你认为哪个是自变量，哪个是因变量？

   - 自变量对因变量是否有显著影响？
   - 拟合回归线的斜率是多少？
   - 对于因变量的方差，自变量所能解释的部分占比如何？

4. 该数据集包含体重指数变量 bmi。如果你不熟悉这个指标，那么请花些时间研究它的计算方法。知道这一点后，你想分析 ht 和 bmi 之间的关系吗？不要犹豫，请用常识判断，而不仅仅是做统计推理。

第 5 章

数据分析栈

到目前为止，我们已经掌握了 Excel 数据分析的关键原则和方法。本章是本书后续内容的"序曲"。在接下来的各章中，我们将把现有的知识迁移到 R 和 Python 中。

本章将进一步描述统计学、数据分析和数据科学。我们将深入探讨 Excel、R 和 Python 如何在我所称的**数据分析栈**中发挥作用。

5.1 统计学、数据分析和数据科学

本书的重点是帮助你掌握数据分析原理。但如你所见，统计学是数据分析的核心，通常很难严格区分这两个领域。你可能还想了解数据科学如何融入统计学和数据分析。现在，让我们花些时间来解释这些术语之间的区别。

5.1.1 统计学

统计学的核心是收集、分析和呈现数据的方法。我们已经从该领域中借鉴了许多，比如基于给定样本对总体进行推断，并使用直方图和散点图等图表描绘数据的分布和关系。

到目前为止，我们使用的大多数检验和技术来自统计学，比如线性回归和独立样本 t 检验。数据分析与统计学的区别不一定在于**手段**，而在于**目的**。

5.1.2 数据分析

数据分析师不太关心分析数据的方法，而更关心使用结果来实现某个外部目标。比如，你

已经看到，虽然某些关系具有统计显著性，但它们可能对处理业务问题没有实质性意义。

数据分析还涉及实现这些统计所需的技术。比如，我们可能需要清理数据集，设计仪表板，并快速、高效地传播分析结果。虽然本书的重点是数据分析的**统计**基础，但还有**计算**基础和**技术**基础需要注意。本章稍后将讨论这些内容。

5.1.3 商业分析

具体地说，数据分析用于指导和实现业务目标，并为业务干系人提供帮助。数据分析专业人士通常同时涉足业务运作领域和信息技术领域。**商业分析**一词通常用于描述这种双重职责。

商业分析的一个例子是分析电影租赁数据。基于探索性数据分析结果，分析师可能会假设喜剧电影在周末和节假日特别受欢迎。通过与产品经理或其他业务干系人合作，分析师可能会进行一些小实验，从而收集数据并进一步检验这一假设。这个工作流程与前文描述的过程类似。

5.1.4 数据科学

数据科学是另一个与统计学密不可分的领域，但它的重点是独特的分析结果。

数据科学家通常也会考虑业务目标，但其关注的范围与数据分析师的大不相同。让我们再次以电影租赁数据为例。数据科学家可能会构建一个以算法驱动的系统，根据相似客户的租赁内容来向客户推荐电影。构建和部署这样一个系统需要相当多的工程技能。虽然说数据科学家与业务没有直接联系是不妥的，但他们往往比数据分析同行更侧重于工程或信息技术。

5.1.5 机器学习

数据分析关注如何**描述**和**解释**数据关系，数据科学则关注如何构建**预测**系统和产品，并且通常使用机器学习技术。

机器学习是一种构建算法的实践。这些算法可以在没有明确编程的情况下使用更多数据改进预测效果。举例来说，银行可能会利用机器学习技术检测客户是否会拖欠还款。随着输入的数据越来越多，算法可能会发现数据中的模式和关系，并使用它们更好地预测潜在的违约情况。机器学习模型可以提供令人难以置信的预测准确度，并可用于各种场景。这就是说，即便简单的机器学习算法足以应对某个场景，人们也愿意构建更复杂的机器学习算法。这会增加解释和使用模型的难度。

机器学习超出了本书的讨论范围。要了解机器学习，请参阅 Aurélien Géron 所著的《机器学习实战（原书第 2 版）》。不过，这本书大量使用了 Python，因此最好先学完本书的第三部分，再阅读这本书。

5.1.6　独特，但不排他

虽然区分统计学、数据分析和数据科学是有意义的，但我们不应该人为划分不必要的界限。在这些学科中，分类因变量和连续因变量之间的差异是有意义的。所有人都使用假设检验来界定问题。此外，我们还得感谢统计学，因为是它让我们有了常用的数据处理术语。

数据分析和数据科学往往交织在一起。事实上，你已经在本书中学习了数据科学核心技术的基础知识，即线性回归。简言之，这两个领域的相同点多于不同点。虽然本书的重点是数据分析，但你已经准备好去探索数据科学领域了。尤其是在学习了 R 和 Python 之后，你将拥有更多实战技能。

我们已经将统计学、数据分析和数据科学结合了起来。接下来，让我们结合使用 Excel、R、Python，以及我们在分析中可能用到的其他工具。

5.2　数据分析栈的重要性

在掌握任何单一工具的技术诀窍之前，专业分析人士应该能够根据每种工具的优缺点选择**不同**的工具。

Web 开发人员或数据库管理员通常会参考完成工作所需的工具栈。在分析数据时，我们可以借鉴这一做法。当发现工具栈中的某个工具有缺点时，我们不应该纠结于它的缺点，而应该从工具栈中选择一个或多个其他工具。也就是说，我们应该把工具栈中的各种工具看作互为补充，而非互相替代。

图 5-1 是我总结的数据分析栈。它大幅简化了组织所用的数据分析工具，因为完整的端到端数据分析管道可能非常复杂。从信息技术部门存储和维护数据（数据库）到最终用户使用和探索数据（电子表格），这些部分按顺序排列。我们可以自由组织这些部分来制订解决方案。

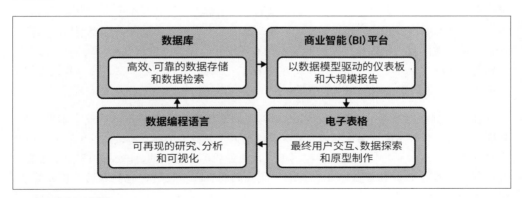

图 5-1：数据分析栈

让我们花一些时间来探讨数据分析栈的每个部分。我将按照从读者最熟悉到最不熟悉的顺序来介绍这些部分。

5.2.1　电子表格

因为已经比较熟悉电子表格了，所以我们不会花太多时间探讨什么是电子表格及它如何工作。除了本书使用的 Excel，还有其他电子表格应用程序，如 Google Sheets、LibreOffice 等。我们已经看到，电子表格可以让数据分析结果变得生动起来，而且它是优秀的探索性数据分析工具。这种易用性和灵活性使电子表格成为向最终用户展示数据的理想选择。

这种灵活性既可能是优点，也可能是缺点。你是否曾经构建过一个电子表格模型，在几小时后重新打开文件时，发现其中某个数莫名其妙地变成了另一个数？有时，电子表格使用起来就像是玩《打鼹鼠》游戏——我们很难在不影响其他分析层面的情况下单独处理一个分析层面。

设计良好的数据产品架构如图 5-2 所示。

- 原始数据是独特的，且未经过分析。
- 对原始数据进行处理，以进行相关的清理和分析。
- 单独生成并输出图表。

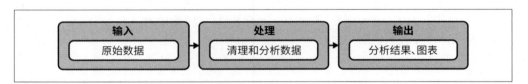

图 5-2：设计良好的数据产品架构

尽管在电子表格中使用这种方法有一些原则可以遵循，但这些层往往会变得一团糟：用户可能会直接操作原始数据，或者在计算结果的基础上继续计算，以至于很难跟踪指向给定单元格的所有引用。即使工作簿的设计可靠，也很难实现输入 – 处理 – 输出模型的最终目标，即**再现性**。我们希望给定相同的输入和处理操作，能够反复得到相同的输出。显然，工作簿的再现性较弱——因为操作步骤容易出错，且计算过程不够简洁，所以我们无法保证每次打开文件时都会得到相同的结果。

从餐饮服务到金融监管，杂乱无章或不可再现的工作簿在各行各业都造成了不良后果。也许你所做的分析不像交易债券或发表突破性学术研究成果那样具有较高的风险，但没有人喜欢缓慢、不可靠、易出错的过程。不过，正如我不断强调的，Excel 和其他电子表格应用程序在数据分析领域占据一席之地。让我们看看以下工具，它们有助于构建简洁、可再现的工作流。

1. VBA

你将看到，一般来说，通过将每个分析步骤记录为代码，可以实现计算过程的再现性。我们可以保存这些代码并在之后快速重新执行。Excel 确实提供了一种程序设计语言，即 Visual Basic for Applications（VBA）。

尽管 VBA 的确可以将一个过程记录为代码，但它缺乏成熟的统计程序设计语言所具有的许多特性，尤其缺乏大量专门用于分析的免费程序包。此外，微软将资源向其新的 Office 脚本语言倾斜，并将它作为一种内置的 Excel 自动化工具。

2. 现代 Excel

我用"现代 Excel"这个词来指代微软从 Excel 2010 开始发布的一系列以**商业智能**（business intelligence，BI）为核心的工具。这些工具拥有强大的功能，使用起来也很有趣。它们重新定义了 Excel 的能力。以下是构成现代 Excel 的 3 个应用程序。

- Power Query 是一种可从各种数据源提取数据、转换数据并将其加载到 Excel 中的工具。这些数据源包括 CSV 文件、关系数据库等，并且可以包含数百万条记录。虽然 Excel 工作簿本身只能包含大约 100 万行记录，但如果使用 Power Query，那么可读取的数据量是 Excel 限制的数倍。

  更妙的是，得益于微软的 M 语言，Power Query 是**完全可再现**的。用户既可以通过菜单添加和编辑步骤（这些操作会自动生成 M 代码），也可以自己编写 M 代码。Power Query 是 Excel 提供的强大工具，它不仅打破了以往工作簿对数据量的限制，而且使数据的检索和操作过程完全可再现。
- Power Pivot 是 Excel 的关系数据建模工具。在概述数据库时，本章将更深入地介绍关系数据建模。
- Power View 是在 Excel 中创建交互式图表的可视化工具。它对于构建仪表板尤其有用。

我强烈建议你花些时间学习现代 Excel。如果十分依赖它进行分析和报告，那么你更应该学会使用它。许多人不看好 Excel，认为它不能处理超过 100 万行数据，或者不能处理多种数据源。然而，有了上述工具，这些限制已经不存在了。

当然，这些工具的设计目的并非仅用于统计分析，而是还可以辅助其他分析工作，比如撰写报告和传播数据。幸运的是，有充分的空间将 Power Query 和 Power Pivot 与 R 和 Python 等工具混合使用，以构建出色的数据产品。

尽管有了上述工具，Excel 仍然不被分析界的许多人士看好，因为滥用 Excel 可能导致不良后果。这让我们不禁要问：**为什么人们会滥用 Excel**？这是因为，由于缺乏更好的替代方案和资源，业务用户认为 Excel 可用于直观、灵活地存储和分析数据。

Excel 是探索数据和与数据交互的绝佳工具。凭借其最新特性，它甚至成为构建可再现数据清理工作流和关系数据模型的优秀工具。尽管如此，仍有一些分析功能是 Excel 所不擅长的，比如存储关键数据、跨平台分发仪表板和报告，以及执行高级统计分析。对于这些功能，让我们看看其他解决方案。

5.2.2　数据库

数据库（特别是关系数据库）是一项历史悠久的分析技术，其起源可以追溯到 20 世纪 70 年代初。你应该比较熟悉关系数据库的基本单元，也就是**表**，图 5-3 就是一个例子。我们之前用**变量**和**观测值**这两个统计学术语来分别称呼表的列和行。用数据库语言说的话，它们分别叫作**字段**和**记录**。

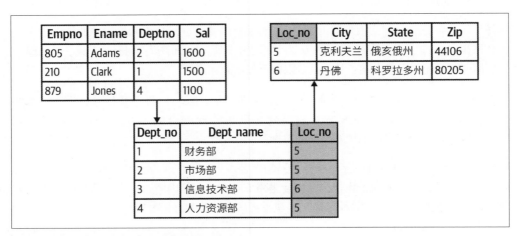

图 5-3：数据库表示例

如果需要将图 5-4 中的数据连接在一起，那么我们可以使用 Excel 的 VLOOKUP() 函数，以共享列作为"查找字段"，将数据从一张表传输到另一张表中。这是**关系数据模型**的一大关键之处：利用跨表的数据关系来高效地存储和管理数据。我喜欢称 VLOOKUP() 为 Excel 的"万能胶带"，因为它能够将数据集连接在一起。如果说 VLOOKUP() 是"万能胶带"，那么关系数据模型就是"焊机"。

图 5-4：关系数据库中的字段和表之间的关系

关系数据库管理系统（relational database management system，RDBMS）就是为了利用这个基本概念来进行大规模数据存储和检索而设计的。当你在商店下单或注册邮件列表时，这些数据可能会通过 RDBMS。虽然基于相同的概念，但 Power Pivot 更多用于商业智能分析和报告。因此，它不是功能齐全的 RDBMS。

结构化查询语言（structured query language，SQL）通常用于与数据库交互。这是数据分析领域的另一个重要主题，但它超出了本书的讨论范围。要详细了解 SQL，请参阅 Alan Beaulieu 所著的《SQL 学习指南（第 3 版）》。请记住，根据所用的 RDBMS，SQL 还有几种"方言"，其中一些是商业系统，而 PostgreSQL 和 SQLite 等系统则是开源的。

SQL 可以执行 CRUD 操作。这是一个经典的首字母缩略词，代表 Create–Read–Update–Delete，即创建、读取、更新、删除。数据分析师通常需要从数据库中读取数据，而不是更改数据。对于这些操作，不同平台之间的 SQL 差异可以忽略不计。

5.2.3　商业智能平台

商业智能平台无疑是一系列丰富的工具，也可能是数据分析栈中定义最为模糊的部分。我将它定义为允许用户收集、建模和显示数据的企业级工具。MicroStrategy 和 SAP BusinessObjects 等数据仓库也具有类似的特点，因为它们是为自助式数据收集和分析而设计的工具。但这些工具的可视化功能和交互式仪表板功能通常比较有限。

这就是 Power BI、Tableau 和 Looker 等工具的用武之地。这些平台几乎都是专有的，它们允许用户在尽量不编写代码的情况下构建数据模型、仪表板和报告。重要的是，它们使跨组织传播和更新信息变得容易。这些工具甚至常常以各种格式部署到平板电脑和智能手机上。许多组织已经将日常报告和仪表板创建工作从电子表格转移到了这些商业智能平台上。

尽管商业智能平台具有诸多优点，但它们在处理和可视化数据方面往往缺乏灵活性。因为它们的目标是为业务用户提供简单且不易出问题的服务，所以它们往往无法为经验丰富的数据分析师提供他们所需的灵活功能。此外，这类工具的使用成本高昂，单个用户每年的许可证费用高达数百甚至数千美元。

值得指出的是，现代 Excel 的工具（Power Query、Power Pivot、Power View）也可用于 Power BI。此外，还可以使用 R 和 Python 在 Power BI 中构建图表。其他商业智能平台也提供类似的功能。因为本书在第一部分使用 Excel，所以我们主要关注 Power BI。

5.2.4　数据编程语言

我所说的数据编程语言是指专门用于数据分析的脚本化应用程序。许多专业分析人士在完全不用数据编程语言的情况下做了大量了不起的工作。此外，许多工具越来越多地采用低代码或无代码的复杂分析解决方案。

尽管如此，我仍然强烈建议你学习如何编写代码。通过编写代码，你能够更深入地理解数据处理原理，并且更全面地掌控工作流，而无须依赖图形用户界面或点击式软件。

对于数据分析而言，有两种开源语言非常适合：R 和 Python。因此，本书接下来将重点介绍这两种语言。R 和 Python 都提供了令人眼花缭乱的免费程序包，以帮助你实现从社交媒体自动化到地理空间分析的一切功能。这两种语言为进一步学习高级分析和数据科学打开了大门。如果你认为 Excel 是探索和分析数据的强大工具，那么不妨等到你掌握了 R 和 Python 之后再下结论。

除此之外，这些工具非常适合可重复研究。回顾图 5-2，我们很难在 Excel 中分离各个步骤。作为程序设计语言，R 和 Python 会记录所有分析步骤。这种工作流要求首先从外部数据源读取原始数据，然后对该数据的副本进行操作，从而保持原始数据的完整性。该工作流还可以通过被称为**版本控制**的过程来更容易地跟踪文件变更。第 14 章将讨论版本控制。

R 和 Python 是开源系统，这意味着任何人都可以免费获取它们的源代码并对其进行构建、分发或贡献代码。这一点与 Excel 完全不同，Excel 是专有系统。开源系统和专有系统各有优缺点。R 和 Python 允许任何人自由地开发源代码，这样做孕育出了丰富的程序包和应用程序生态系统，也降低了新手的使用门槛。

开源系统的关键部分通常由开发人员在业余时间维护，并且他们不收取任何费用。依靠没有商业保障的持续开发和维护可能并不明智。不过，有办法降低这种风险。事实上，专门有公司旨在支持、维护和扩充开源系统。在后文关于 R 和 Python 的讨论中，你将看到这样的例子。你可能会惊讶于竟然可以通过提供基于免费代码的服务来赚钱。

数据分析栈中的"数据编程语言"部分可能具有最陡峭的学习曲线。毕竟，我们需要学习新语言。学习一门这样的语言可能已经很吃力，那么我们究竟为何要学习两门语言呢？又该如何学习呢？

请谨记，我们不是从零开始的。有了使用 Excel 的经验，我们已经比较了解如何编程及如何处理数据。因此，让我们大步向前。

 就像精通多国语言一样，掌握多门数据编程语言也大有好处。从实用角度看，各个公司可能采用不同的语言，因此掌握多门语言是明智的。但学习两门语言并不像随便点击勾选框那么简单：每门语言都有其特性和适合的应用场景。我们应将不同的数据编程语言视为互补，就像我们对待数据分析栈中的不同工具一样。

5.3 本章小结

数据分析师往往希望知道自己应该专注于学习或精通哪些工具。我建议不要只精通任何单一的工具，而要针对数据分析栈的每一部分学习不同的工具，以便根据具体情况灵活选择。从这个角度看，声称数据分析栈的一个部分不如另一个部分是毫无意义的。它们应该是互补关系，而非替代关系。

事实上，许多功能强大的数据分析产品结合了数据分析栈的各个部分。比如，我们可以使用 Python 自动生成基于 Excel 的报告，或者将数据从 RDBMS 导入商业智能平台的仪表板。尽管这些用例超出了本书的讨论范围，但请记住：**不要忽略 Excel**。只有掌握了 R 和 Python，我们才能更好地发挥 Excel 的作用。

在本书中，我们主要使用电子表格（Excel）和数据编程语言（R 和 Python）。这些工具特别适合基于统计学的数据分析工作。正如我们所讨论的，这种工作与传统的统计分析和数据科学有部分重叠。不过，数据分析所涉及的不仅仅是纯粹的统计分析，数据库和商业智能平台可以帮助完成这些任务。一旦你熟悉了本书的主题，就可以考虑用 5.1 节提到的术语来整理你的数据分析知识体系。

5.4 下一步

从整体上了解数据分析及其应用程序之后，让我们开始探索新的工具。

我们将先学习 R，因为我认为相比 Python，R 是 Excel 用户更自然的数据编程起点。我们将学习如何使用 R 进行与在 Excel 中相同的探索性数据分析和假设检验，从而向更高级的数据分析迈进。然后，我们会使用 Python 进行相同的分析。在这一过程中，我会帮助你将新知识与已有知识联系起来。你会发现，许多概念是相通的。我们第 6 章见。

5.5 练习

本章内容更多的是概念性的，而不是应用性的，因此这里不提供练习。我鼓励你在涉足新的数据分析领域时重温本章内容。当你在工作中或在阅读数据分析读物时遇到一个新的工具时，问问自己：它涉及数据分析栈的哪些部分？它是否开源？

## 第二部分

从Excel到R

使用R之前的准备工作

第 1 章介绍了如何在 Excel 中进行探索性数据分析。你可能还记得，John Tukey 被认为是推广探索性数据分析实践的功臣。Tukey 的数据处理方法启发了人们开发多门统计程序设计语言，包括贝尔实验室的 S 语言。S 语言又进一步启发了 R 语言。R 语言由 Ross Ihaka 和 Robert Gentleman 在 20 世纪 90 年代初开发，并以两位原作者的名字首字母命名。R 是开源的，由 R 基金会维护。因为它专为统计分析而生，所以 R 颇受研究人员、统计学家和数据科学家青睐。

R 专为统计分析而生。

6.1 下载R

要下载 R，请访问该语言的网站，单击页面顶部链接进行下载。你需要从综合 R 存档网络（Comprehensive R Archive Network，CRAN）中选择镜像。这是一个服务器网络，用于分发 R 的源代码、包和文档。选择离你较近的镜像和你的操作系统类型，开始下载 R。

6.2 RStudio入门

虽然已经安装了 R，但我们还需下载另一个工具，以优化编程体验。第 5 章提到，任何人都可以针对开源软件的源代码进行构建、分发或贡献代码。比如，软件供应商可以提供与代码交互的**集成开发环境**（integrated development environment，IDE）。RStudio IDE 将用于代码编辑、图形展示、文档记录等的工具整合在一个界面中。它已经成为目前主流的 R 语言 IDE，用户通过其产品套件可以构建从交互式仪表板（Shiny）到研究报告（R Markdown）的一切。

你可能会问：**如果说 RStudio 这么棒，为什么我们要费心安装 R 呢？**事实上，它们是不同的工具：R 是**代码库**，RStudio 则是**处理代码的 IDE**。Excel 用户可能不熟悉应用程序的这种区分方式，但这在开源软件世界中很常见。

 RStudio 是处理 R 代码的平台，而非代码库本身。首先从 CRAN 下载 R，然后下载 RStudio。

在 RStudio 的下载页面上，你将看到它的定价机制是分层的。选择 RStudio 免费桌面版（RStudio 是基于开源软件提供商业服务的好例子）。我相信你一定会爱上 RStudio，但它的大量窗格和功能可能一开始会令你感到不适。没关系，让我们仔细看看如何使用它。

进入主菜单并依次选择"File → New File → R Script"，你应该能看到图 6-1 所示的内容。这里有多个窗格。IDE 的设计目的正是要将开发代码所需的所有工具整合在一起。下面逐个介绍图中的 4 个窗格。

图 6-1：RStudio IDE

控制台位于 RStudio 界面的左下角，用于向 R 提交需要执行的命令。在这里，你将看到 >
符号后跟着闪烁的光标。可以在此处键入命令，然后按回车键执行。让我们从基础命令开始，比如 1 + 1，如图 6-2 所示。

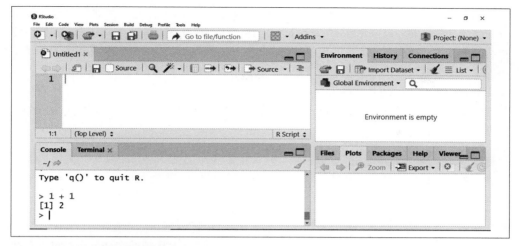

图 6-2：在 RStudio 中执行基础命令，如 1 + 1

你可能已经注意到，[1] 出现在结果 2 之前。要理解它的含义，请在控制台中键入并执行 1:50。R 运算符：将在给定范围内以 1 为增量生成所有数，类似于 Excel 中的填充控制柄。你应该看到如下内容：

```
1:50
#> [1]  1  2  3  4  5  6  7  8  9 10 11 12 13 14 15 16 17 18 19 20 21 22 23
#> [24] 24 25 26 27 28 29 30 31 32 33 34 35 36 37 38 39 40 41 42 43 44 45 46
#> [47] 47 48 49 50
```

这些带中括号的标签表示输出中每行第 1 个值的数字位置。

虽然可以在控制台中直接键入命令，但通常最好先在**脚本**中编写命令，然后将其放入控制台中。这样一来，我们就可以长期保存代码。**脚本编辑器**位于控制台上方。如图 6-3 所示，我们输入几行简单的算式。

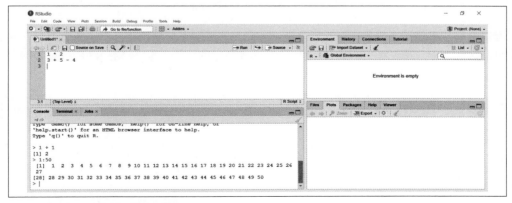

图 6-3：在 RStudio 中使用脚本编辑器

将光标放在第 1 行，然后将鼠标悬停在脚本编辑器顶部的图标上，直到找到一个显示 "Run the current line or selection"（运行当前行或所选内容）的图标。单击该图标，我们将执行两个操作。首先，被选中的代码行将在控制台中执行。其次，光标将移到脚本编辑器中的下一行。通过选择多行并单击该图标，我们可以一次性将多行内容发送给控制台。此操作的快捷键是 Ctrl+Enter（Windows）或 Cmd+Return（macOS）。Excel 用户往往爱用快捷键。RStudio 也支持许多快捷键，可以通过依次选择 "Tools → Keyboard Shortcuts Help" 来查看完整列表。

现在来保存脚本。依次选择 "File → Save"，将文件命名为 ch-6。R 脚本的文件扩展名为 .R。打开、保存和关闭 R 脚本的过程可能会让你想起在文本处理器中处理文档，毕竟 R 脚本和文档都是文本记录。

现在来看右下窗格。你将在此处看到 5 个选项卡："文件"（Files）、"绘图"（Plots）、"包"（Packages）、"帮助"（Help）、"视图"（Viewer）。R 提供了大量帮助文档，我们可以在此窗格中查看。比如，我们可以使用运算符 ? 了解有关 R 函数的更多信息。

Excel 用户熟悉各种 Excel 函数，如 VLOOKUP() 和 SUMIF()。一些 R 函数与 Excel 函数非常相似，比如 R 的平方根函数 sqrt()。在脚本中新起一行，输入以下代码，并使用菜单图标或快捷键运行：

```
?sqrt
```

标题为 "Miscellaneous Mathematical Functions"（各种数学函数）的文档将出现在帮助窗口中。该文档既包含有关 sqrt() 函数及其参数的重要信息，也包含 sqrt() 函数的使用示例：

```
require(stats) # spline()函数需要的包
require(graphics)
xx <- -9:9
plot(xx, sqrt(abs(xx)), col = "red")
lines(spline(xx, sqrt(abs(xx)), n=101), col = "pink")
```

现在不必急于理解这些代码，我们只需将其完整地复制并粘贴到脚本中，然后运行它即可。这样一来，我们将在绘图窗口中看到图 6-4 所示的结果。可以调整 RStudio 窗格的大小，以放大图表。第 8 章将详细介绍如何用 R 绘图。

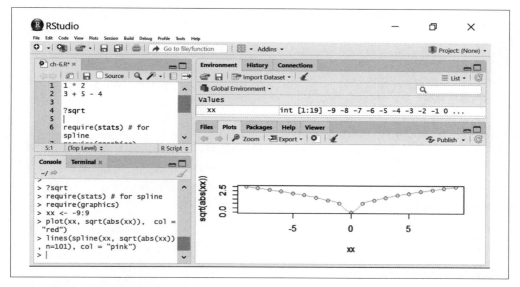

图 6-4：我们用 R 绘制的第一张图

现在查看右上角的窗格，其中有 3 个选项卡："环境"（Environment）、"历史记录"（History）、"连接"（Connections）。"环境"选项卡在看起来是一组整数的旁边显示了 xx。这是什么意思呢？原来，这是我们在运行从 sqrt() 的文档中复制过来的代码时无意识创建的。事实上，我们在 R 中所做的大部分工作将围绕这里显示的内容：**对象**。

正如你可能注意到的，在这次"RStudio 之旅"中，我们忽略了一些窗格、图标和菜单选项。RStudio IDE 的功能十分丰富。不要害怕探索和尝试。但就目前而言，我们对 RStudio 的了解足以让我们开始正确地学习 R 编程了。如前所述，R 可被用作花哨的计算器。表 6-1 列出了 R 中的一些常用的算术运算符。

表6-1：R中的常用算术运算符

运算符	说　明
+	加
-	减
*	乘
/	除
^	指数
%%	模
%/%	整除

你可能不太熟悉表 6-1 中的最后两个运算符：%% 返回两个数相除后的余数，%/% 则将商向下取整到最接近的整数。

与 Excel 一样，R 也遵循算术运算顺序：

```
# 先乘后加
3 * 5 + 6
#> [1] 21

# 先除后减
2 / 2 - 7
#> [1] -6
```

以井号（#）开头的文本行是什么意思呢？这些是**注释**，用于提供有关代码的简要说明和提示。注释可以帮助其他用户和我们自己在以后理解并记住代码的用途。R 不执行注释行：注释部分是为程序员（而非计算机）编写的。虽然可以将注释放在代码的右侧，但最好将其放在上一行：

```
1 * 2 # 可以这样放置注释
#> [1] 2

# 推荐这样放置注释
2 * 1
#> [1] 2
```

我们无须使用注释来解释代码中的所有操作，但应该解释我们所做的推理和假设。把注释当作评注。本书中的代码示例会在必要之处给出相关和有用的注释。

 养成写注释的习惯，以记录编写代码的目标，以及编写过程中所做的推理和假设。

如前所述，与在 Excel 中一样，函数也是 R 的重要组成部分，而且 R 函数通常看起来与 Excel 函数非常相似。比如，我们可以使用函数 abs() 求 -100 的绝对值：

```
# 求-100的绝对值
abs(-100)
#> [1] 100
```

然而，正如以下错误所示，R 函数和 Excel 函数存在一些重要差异：

```
# 以下代码不会正确执行
ABS(-100)
#> Error in ABS(-100) : could not find function "ABS"
Abs(-100)
#> Error in Abs(-100) : could not find function "Abs"
```

在 Excel 中，我们可以将 ABS() 函数输入为 abs() 或 Abs()，而不会遇到问题。但是，在 R 中，我们必须输入 abs()。这是因为，R 区分大小写。这是 R 和 Excel 的一个主要区别，而且你迟早会遇到类似的问题。

R区分大小写：SQRT() 与 sqrt() 是不同的函数。

与在 Excel 中一样，R 中也有一些用于处理数值的函数，如 sqrt()。此外，还有一些用于处理字符的函数，如 toupper()：

```
# 转换为大写形式
toupper('I love R')
#> [1] "I LOVE R"
```

让我们看看另一个例子：比较运算符。R 中的比较运算符与 Excel 中的类似，但有一个例外会产生巨大的影响。比较运算符用于比较两个值的大小：

```
# 3比4大吗？
3 > 4
#> [1] FALSE
```

作为比较运算的结果，R 将返回 TRUE 或 FALSE，这一点与 Excel 一样。表 6-2 列出了 R 中的比较运算符。

表6-2：R中的比较运算符

运算符	说　明
>	大于
<	小于
>=	大于或等于
<=	小于或等于
!=	不等于
==	等于

你可能很熟悉表 6-2 中的大部分比较运算符，但请留意最后一个。若想在 R 中比较两个值是否相等，我们不用一个等号，而要用两个等号。这是因为，R 将一个等号用于为对象赋值。

对象与变量

对象有时也被称为**变量**，因为它的值可以更改。不过，本书已经在介绍统计学内容时使用了**变量**一词。为了避免混淆，我们将继续在讨论编程时使用"对象"，而在讨论统计学时使用"变量"。

再举一例。让我们将 −100 的绝对值赋给一个对象，我们称之为 my_first_object：

```
# 在R中为对象赋值
my_first_object = abs(-100)
```

我们可以把对象想象成鞋盒，它可以用来装我们放入的信息。通过使用运算符 =，我们将 abs(-100) 的结果放入名为 my_first_object 的鞋盒中。若要打开鞋盒，我们可以将其中的信息打印出来。在 R 中，只需键入对象的名称并运行即可：

```
# 在R中打印对象
my_first_object
#> [1] 100
```

在 R 中为对象赋值的另一种方法是使用运算符 <-。事实上，在某种程度上，<- 优于 =，因为人们容易将后者与 == 混淆。请尝试使用运算符 <- 为另一个对象赋值，然后打印其内容。要键入该运算符，可以使用快捷键 Alt+ 减号（Windows）或 Option+ 减号（macOS）。有了上述运算符，我们便可以发挥想象力，用它们执行各种操作：

```
my_second_object <- sqrt(abs(-5 ^ 2))
my_second_object
#> [1] 5
```

R 中的对象名必须以字母或句点开头，并且只能包含字母、数字、下划线和句点。此外，关键字不能用作对象名。好的对象名可以表示它所存储的数据，这就好比鞋盒上的标签可以体现鞋的种类。

R 编程风格指南

一些个人和组织已经将编程约定整合为 "编程风格指南"，就像报纸可能有写作风格指南一样。这些指南涵盖推荐使用的赋值运算符、如何命名对象等。你可以在互联网上找到这样的指南。

对象可以包含不同类型的数据，就像鞋盒有不同的类别一样。表 6-3 列出了一些常见的数据类型。

表6-3：R中的常见数据类型

数据类型	示　　例
字符型	'R', 'Mount', 'Hello, world'
数值型	6.2, 4.13, 3
整型	3L, -1L, 12L
逻辑型	TRUE, FALSE, T, F

让我们创建不同类型的对象。字符数据通常被包裹在单引号中，但也可以使用双引号。如果你希望将单引号作为输入的一部分，则用双引号包裹字符数据会特别有用：

```
my_char <- 'Hello, world'
my_other_char <- "We're able to code R!"
```

数值可以被表示为整数或小数：

```
my_num <- 3
my_other_num <- 3.21
```

但是，整数也可以被存储为整型。以下输入中的 L 代表**文字**（literal），该术语源自计算机科学领域，用于表示固定值：

```
my_int <- 12L
```

默认情况下，T 和 F 将作为逻辑数据分别计算为 TRUE 和 FALSE：

```
my_logical <- FALSE
my_other_logical <- F
```

我们可以使用 str() 函数来了解对象的**结构**，比如对象的类型及其中包含的信息：

```
str(my_char)
#> chr "Hello, world"
str(my_num)
#> num 3
str(my_int)
#> int 12
str(my_logical)
#> logi FALSE
```

一旦赋值完成，我们就可以在其他操作中自由地使用这些对象：

```
# my_num是否等于5.5?
my_num == 5.5
#> [1] FALSE
# my_char中的字符数
nchar(my_char)
#> [1] 12
```

我们甚至可以将对象作为给其他对象赋值的输入，或者给对象重新赋值：

```
my_other_num <- 2.2
my_num <- my_num/my_other_num
my_num
#> [1] 1.363636
```

你可能会问："那又怎样？我会处理大量数据。将每个数赋给它自己的对象怎么就能帮助我呢？"所幸，你将在第 7 章中看到，可以将多个值组合为一个对象，就像你在 Excel 中处理区域和工作表一样。但在这样做之前，让我们换个角度，先来了解 R 包。

6.3 R包

如果无法在智能手机上下载应用程序，那么我们仍然可以用它打电话。不过，智能手机的真正威力来自其应用程序。R 与刚出厂的智能手机相似：它本身非常有用，而且我们可以用它的"出厂配置"来完成许多任务。但是，如果使用 R 包（就像在智能手机上使用应用程序一样），那么我们的工作效率通常会更高。

R 的"出厂配置"被称为 R **基础包**（base R）。R 包则是可共享的代码单元，其中包含函数、数据集、文档等。这些包基于 R 基础包构建，以增强 R 的功能。

我们已经从 CRAN 下载了 R 基础包。除了 R 基础包，CRAN 还托管了 10 000 多个 R 包。这些 R 包由 R 的庞大用户群提供，并由 CRAN 志愿者审查。CRAN 就相当于 R 的"应用商店"。不管你需要解决什么问题，都可以找到相应的 R 包。虽然也可以从其他地方下载 R 包，但我建议初学者坚持使用 CRAN 上的 R 包。要从 CRAN 安装 R 包，请运行 install.packages()。

CRAN 任务视图

初学者很难找到适合自身需求的 R 包。所幸，CRAN 团队针对具体用例提供了精选 R 包列表，详见 CRAN 任务视图（CRAN Task Views）。这些 R 包旨在帮助从计量经济学研究到遗传学研究的方方面面。随着你对 R 的了解逐渐深入，你将更轻松地找到适合自身需求的 R 包。

我们将使用 R 包来完成数据操作和数据可视化等任务。具体地说，我们将使用 tidyverse，它实际上是一组包。要安装 tidyverse，请在控制台中执行以下操作：

```
install.packages('tidyverse')
```

我们安装了许多有用的 R 包，其中之一是 dplyr（通常读作 d-plier），它包含函数 arrange()。若尝试打开此函数的文档，我们将遇到错误：

```
?arrange
#> No documentation for 'arrange' in specified packages and libraries:
#> you could try '??arrange'
```

要理解为什么 R 找不到函数 arrange()，让我们回顾智能手机的类比：即使已经在智能手机上安装了某个应用程序，我们也需要先打开它才能使用它。在 R 中也是如此：我们已经使用 install.packages() 安装了 tidyverse 包，但要使用其中的函数，还需要先使用 library() 将其导入会话中：

```
# 将tidyverse包导入会话中
library(tidyverse)
#> -- Attaching packages ------------------------- tidyverse  1.3.0 --
```

```
#> v ggplot2 3.3.2      v purrr  0.3.4
#> v tibble  3.0.3      v dplyr  1.0.2
#> v tidyr   1.1.2      v stringr 1.4.0
#> v readr   1.3.1      v forcats 0.5.0
#> -- Conflicts ----------------------------- tidyverse_conflicts() --
#> x dplyr::filter() masks stats::filter()
#> x dplyr::lag()    masks stats::lag()
```

这样一来，我们就可以使用 tidyverse 包而不会遇到上述错误了。

只需安装一次 R 包，但每次会话都需导入它。

6.4　升级R、RStudio和R包

R、RStudio 和 R 包都在不断改进，因此有必要适时升级。要升级 RStudio，请从菜单中依次选择 "Help → Check for Updates"。如果存在更新版本，那么 RStudio 将指导我们完成升级步骤。

要升级从 CRAN 下载的所有 R 包，请执行以下命令并按照提示操作：

```
update.packages()
```

我们还可以在 RStudio 中通过依次选择 "Tools → Check for Package Updates" 来升级 R 包。在出现的菜单中选择要升级的所有 R 包。此外，我们还可以通过 Tools 菜单安装 R 包。

要升级 R 本身，我们需要做更多工作。在 Windows 中，我们可以使用 installr 包中的函数 updateR()，并按照提示操作：

```
# 在Windows中升级R
install.packages('installr')
library(installr)
updateR()
```

如果你使用的是 macOS，则需访问 CRAN 网站以安装最新版本的 R。

6.5　本章小结

在本章中，我们学习了如何在 R 中使用对象和包，并掌握了 RStudio 的使用诀窍。学了这么多内容，是时候休息一下了。保存 R 脚本，然后通过依次选择 "File → Quit Session" 来退出会话。当我们这样做时，系统会询问是否要保存工作区镜像。通常，我们**不保存工作区镜像**。不过，如果选择保存，则 RStudio 将保存本次会话的所有对象，以便用于下一次会话。虽然这样做似乎不错，但存储这些对象并记录存储原因可能会变得烦琐。

相反，我们可以在下一次会话中依靠 R 脚本来重新生成这些对象。毕竟，程序设计语言具有再现性优势：如果我们可以按需创建对象，就无须总是存储它们。

 如果你不清楚是否应该保存工作区镜像，那么宁可不保存。你应该能够使用 R 脚本重新创建上一次会话中的任何对象。

要防止 RStudio 自动保存工作区镜像，请从主菜单中依次选择"Tools → Global Options"。在 General 选项卡中，更改 Workspace 的两个设置，如图 6-5 所示。

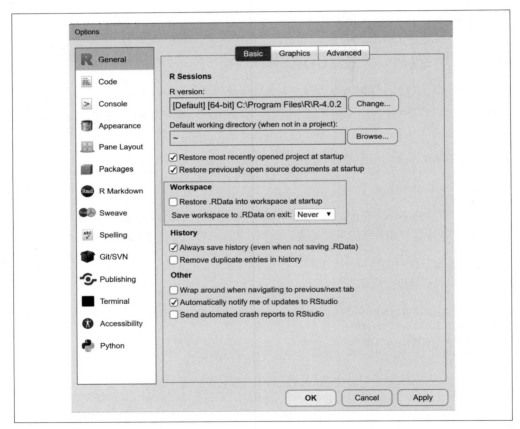

图 6-5：在 RStudio 中自定义工作区选项

6.6 练习

以下练习帮助你进一步熟悉如何使用对象、R 包和 RStudio。

1. 除了丰富的功能，RStudio 还提供了丰富的外观选择。从菜单中依次选择"Tools → Global Options → Appearance"并自定义编辑器的字体和主题。比如，你可以尝试使用"暗模式"主题。

2. 在 RStudio 中使用脚本执行以下操作：

   - 将 1 和 4 的和赋给 a；
   - 将 a 的平方根赋给 b；
   - 将 b 减 1 的值赋给 d；
   - 查看 d 的数据类型；
   - 查看 d 是否大于 2。

3. 从 CRAN 安装 psych 包，并将其导入会话中。使用注释解释安装和导入的区别。

除了这些练习，我鼓励你在日常工作中立即开始使用 R。目前，你可能只会用它来做简单的计算。但即便如此，这样做也可以帮助你熟悉 R 和 RStudio。

## 第 7 章

R中的数据结构

在第 6 章中，我们学习了如何使用 R 包。在编写脚本时，我们通常应该先加载所需的 R 包，这样就不会突然收到需要加载 R 包的提示。现在，让我们先加载本章要用到的 R 包，其中有些可能需要安装。如果需要复习安装过程，请回顾第 6 章。在用到这些 R 包时，我会逐一解释。

```
# 用于导入和浏览数据
library(tidyverse)

# 用于读取Excel文件
library(readxl)

# 用于描述性统计
library(psych)

# 用于将数据写入Excel
library(writexl)
```

7.1　向量

我们在第 6 章中还学习了如何针对不同的数据类型调用函数，以及如何将数据赋给对象：

```
my_number <- 8.2
sqrt(my_number)
#> [1] 2.863564

my_char <- 'Hello, world'
toupper(my_char)
#> [1] "HELLO, WORLD"
```

我们很可能会一次处理多个数据段，因此将每个数据段单独分配给对象似乎不太明智。在 Excel 中，我们可以将数据放入被称为**区域**的连续单元格中，并且能轻松地操作数据。图 7-1 展示了在 Excel 中对数值区域和文本区域进行操作的一些简单示例。

	A	B	C	D	E	F	G	H
1	Billy	BILLY	=UPPER(A1)		5	8	2	7
2	Jack	JACK	=UPPER(A2)		2.236067977	2.828427125	1.414213562	2.645751311
3	Jill	JILL	=UPPER(A3)		=SQRT(E1)	=SQRT(F1)	=SQRT(G1)	=SQRT(H1)
4	Johnny	JOHNNY	=UPPER(A4)					
5	Susie	SUSIE	=UPPER(A5)					
6								

图 7-1：在 Excel 中对区域进行操作

在第 6 章中，我们将对象比作鞋盒。对象的结构相当于鞋盒本身的形状、大小和结构。事实上，我们已经用 str() 函数查看过 R 对象的结构。

R 对象有多种结构。我们可以通过将数据放入被称为**向量**的结构中来对其进行存储和操作。向量是相同类型的一个或多个数据元素的集合。实际上，我们已经见过向量了。可以用 is.vector() 函数来确认一个对象是向量：

```
is.vector(my_number)
#> [1] TRUE
```

虽然 my_number 是向量，但它只包含一个元素。这有点儿像 Excel 中的单个单元格。在 R 中，我们可以说该向量的长度为 1：

```
length(my_number)
#> [1] 1
```

我们可以使用 c() 函数将多个元素组合成一个向量，类似于 Excel 中的区域。该函数之所以被称为 c，是因为它将多个元素**组合**（combine）成一个向量，如下所示：

```
my_numbers <- c(5, 8, 2, 7)
```

该对象确实是向量，其长度为 4，且数据是数值型：

```
is.vector(my_numbers)
#> [1] TRUE

str(my_numbers)
#> [1] num [1:4] 5 8 2 7

length(my_numbers)
#> [1] 4
```

我们来看看针对 my_numbers 调用函数会发生什么：

```
sqrt(my_numbers)
#> [1] 2.236068 2.828427 1.414214 2.645751
```

我们可以再对字符向量进行类似的操作：

```
roster_names <- c('Jack', 'Jill', 'Billy', 'Susie', 'Johnny')
toupper(roster_names)
#> [1] "JACK"   "JILL"   "BILLY"   "SUSIE"   "JOHNNY"
```

通过使用 c() 函数将数据元素组合成向量，我们能够轻松地在 R 中重现图 7-1 所示的 Excel 内容。不过，如果将不同类型的元素赋给同一个向量，会发生什么呢？让我们试一下：

```
my_vec <- c('A', 2, 'C')
my_vec
#> [1] "A" "2" "C"

str(my_vec)
#> chr [1:3] "A" "2" "C"
```

R 会将所有元素强制转换为相同的类型，以便将它们组合成一个向量。在本例中，数字 2 被强制转换为字符。

7.2 索引向量和提取子集

在 Excel 中，INDEX() 函数用于查找元素在某个区域内的位置。比如，我们使用 INDEX() 函数提取图 7-2 中的区域 A1:A5 中的第 3 个元素。

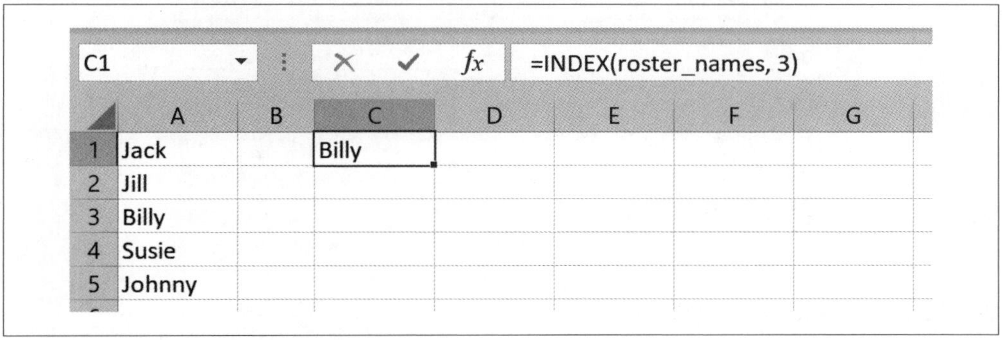

图 7-2：在 Excel 中使用 INDEX() 函数

与在 Excel 中类似，我们可以通过使用中括号来对 R 向量进行索引：

```
# 获取向量roster_names的第3个元素
roster_names[3]
#> [1] "Billy"
```

使用相同的符号，我们也可以选择多个元素，即提取子集。比如，我们使用冒号运算符获取位置 1 和位置 3 之间的所有元素：

```
# 获取第1~3个元素
roster_names[1:3]
#> [1] "Jack"  "Jill"  "Billy"
```

在此，我们也可以使用函数。还记得 length() 函数吗？我们可以用它来获取某个元素和最后一个元素之间的所有元素：

```
# 获取第2个元素至最后一个元素
roster_names[2:length(roster_names)]
#> [1] "Jill"    "Billy"   "Susie"   "Johnny"
```

我们甚至可以使用 c() 函数通过非连续元素向量进行索引。

```
# 获取第2个元素和第5个元素
roster_names[c(2, 5)]
#> [1] "Jill"    "Johnny"
```

7.3 从Excel表格到R数据框

你可能会问："这一切都很好，但我不只处理少量数据。要处理一整张数据表，该怎么做呢？"提出这个问题是可以理解的，毕竟，我们在第 1 章中了解了将数据整理成变量和观测值的重要性。以图 7-3 所示的 star 数据集为例，这是二维数据结构的一个示例。

	A	B	C	D	E	F	G
1	id	tmathssk	treadssk	classk	totexpk	sex	freelunk
2	1	473	447	small.class	7	girl	no
3	2	536	450	small.class	21	girl	no
4	3	463	439	regular.with.aide	0	boy	yes
5	4	559	448	regular	16	boy	no
6	5	489	447	small.class	5	boy	yes
7	6	454	431	regular	8	boy	yes
8	7	423	395	regular.with.aide	17	girl	yes
9	8	500	451	regular	3	girl	no
10	9	439	478	small.class	11	girl	no
11	10	528	455	small.class	10	girl	no

图 7-3：Excel 中的二维数据结构

虽然 R 向量是一维数据结构，但是 R **数据框**能够以行和列的形式存储数据。这使得 R 数据框相当于 Excel 表格。R 数据框是一种二维数据结构，其中每列的记录具有相同的模式，并且所有列的长度相等。与在 Excel 中一样，我们通常也为 R 数据框的每一列指定一个标签或名称。

我们可以使用 data.frame() 函数从头开始创建 R 数据框。让我们构建并打印一个名为 roster 的 R 数据框：

```
roster <- data.frame(
    name = c('Jack', 'Jill', 'Billy', 'Susie', 'Johnny'),
    height = c(72, 65, 68, 69, 66),
    injured = c(FALSE, TRUE, FALSE, FALSE, TRUE))

roster
#>      name height injured
#> 1    Jack     72   FALSE
#> 2    Jill     65    TRUE
#> 3   Billy     68   FALSE
#> 4   Susie     69   FALSE
#> 5 Johnny     66    TRUE
```

我们之前使用 c() 函数将元素组合成向量。事实上，R 数据框可以被视为一组长度相等的**向量的集合**。本例中的 roster 是相当小的 R 数据框，它仅有 3 个变量和 5 个观测值。所幸，我们不必总是从头开始构建 R 数据框。R 内置了许多数据集。我们可以通过以下命令查看所有数据集：

```
data()
```

名为"R data sets"（R 数据集）的新窗口将出现在脚本窗格中，其中许多（但不是全部）是以 R 数据框的形式构造的，著名的 iris 数据集就是一个例子。

就像打印任何对象的内容一样，我们也可以打印 iris 数据集的内容。不过，150 行数据将很快淹没我们的控制台。（想象数据多到数千行甚至数百万行时的情形。）更常见的做法是使用 head() 函数只打印前几行：

```
head(iris)
#> Sepal.Length Sepal.Width Petal.Length Petal.Width Species
#> 1          5.1         3.5          1.4         0.2  setosa
#> 2          4.9         3.0          1.4         0.2  setosa
#> 3          4.7         3.2          1.3         0.2  setosa
#> 4          4.6         3.1          1.5         0.2  setosa
#> 5          5.0         3.6          1.4         0.2  setosa
#> 6          5.4         3.9          1.7         0.4  setosa
```

通过使用 is.data.frame() 函数，我们可以确认 iris 确实是 R 数据框：

```
is.data.frame(iris)
#> [1] TRUE
```

要了解数据集的内容，除了打印，还可以使用 str() 函数：

```
str(iris)
#> 'data.frame':      150 obs. of  5 variables:
#> $ Sepal.Length: num  5.1 4.9 4.7 4.6 5 5.4 4.6 5 4.4 4.9 ...
#> $ Sepal.Width : num  3.5 3 3.2 3.1 3.6 3.9 3.4 3.4 2.9 3.1 ...
#> $ Petal.Length: num  1.4 1.4 1.3 1.5 1.4 1.7 1.4 1.5 1.4 1.5 ...
#> $ Petal.Width : num  0.2 0.2 0.2 0.2 0.2 0.4 0.3 0.2 0.2 0.1 ...
#> $ Species     : Factor w/ 3 levels "setosa","versicolor",..: 1 1 1 1 1 1 ...
```

输出结果包含 R 数据框的大小及其列的一些信息。我们可以看到，输出结果中有 4 列是数值型。最后的 Species 是一个**因子**。因子用于存储值的数量有限的变量，尤其适合存储分类变量。事实上，我们可以从输出结果中看到，Species 有 3 个**级别**。这正是我们在描述分类变量时所用的统计学术语。

关于因子的内容超出了本书的讨论范围。不过值得一提的是，用因子存储分类变量有诸多好处，比如存储效率更高。要了解关于因子的更多信息，请查看 factor() 函数的 R 帮助文档（在控制台中输入 ?factor）。此外，tidyverse 提供了作为核心包的 forcats 包，以帮助处理因子。

除了 R 预加载的数据集，许多 R 包也包含自己的数据集。我们可以使用 data() 函数了解这些数据集，以下以 psych 包为例：

```
data(package = 'psych')
```

"R data sets" 窗口将再次出现。这一次，还将出现一个名为 "Data sets in package psych" 的部分，其中一个数据集叫作 sat.act。我们再次使用 data() 函数将该数据集导入 R 会话中。这样一来，它就变为 R 对象，我们可以在"环境"选项卡中找到它。让我们确认它是 R 数据框，如下所示。

```
data('sat.act')
str(sat.act)
#> 'data.frame':      700 obs. of  6 variables:
#> $ gender   : int  2 2 2 1 1 1 2 1 2 2 ...
#> $ education: int  3 3 3 4 2 5 5 3 4 5 ...
#> $ age      : int  19 23 20 27 33 26 30 19 23 40 ...
#> $ ACT      : int  24 35 21 26 31 28 36 22 22 35 ...
#> $ SATV     : int  500 600 480 550 600 640 610 520 400 730 ...
#> $ SATQ     : int  500 500 470 520 550 640 500 560 600 800 ...
```

7.4　在R中导入数据

使用 Excel 时，我们通常在同一工作簿中存储、分析和展示数据。与此不同，在 R 脚本中存储数据并不常见。通常，数据是从外部数据源导入的，然后在 R 中经过分析。这些外部数据源包括文本文件、数据库、网页、**应用程序接口**（application programming interface，API）、图像、音频等。我们会频繁地将分析结果导出为各种格式。为了熟悉整个流程，让我们从 Excel 工作簿（文件扩展名为 .xlsx）和逗号分隔值文件（文件扩展名为 .csv）中读取数据。

要在 R 中导入数据，我们有必要先理解文件路径和工作目录的原理。每次使用 R 时，我们都在计算机的**工作目录**下工作。R 假定我们引用的任何文件（如导入的数据集）都位于相对于该工作目录的位置。getwd() 函数的作用是显示工作目录的文件路径。如果使用 Windows，那么我们将看到如下结果：

```
getwd()
#> [1] "C:/Users/User/Documents"
```

如果使用 macOS，则我们将看到如下结果：

```
getwd()
#> [1] "/Users/user"
```

R 有一个全局的默认工作目录，它在每次会话中都是相同的。我们假设运行的文件来自随书文件包，并且使用该文件夹中的 R 脚本。在这种情况下，最好使用 setwd() 函数将工作目录设置为该文件夹。如果不习惯使用文件路径，那么这些设置工作可能比较棘手。所幸，我们可以在 RStudio 中完成设置。

要将工作目录更改为当前 R 脚本所在的文件夹，请在 RStudio 中依次选择 "Session → Set Working Directory → To Source File Location"。可以看到 setwd() 函数的结果。再次运行 getwd() 函数，我们将看到更新后的工作目录。

修改工作目录后，让我们来练习与该目录下的文件进行交互。随书文件包的根目录下有一个名为 test-file.csv 的文件。使用 file.exists() 函数，我们可以检查 R 能否成功找到该文件：

```
file.exists('test-file.csv')
#> [1] TRUE
```

此文件的副本位于 test-folder 子文件夹中。要让 R 找到该副本，我们需要指定子文件夹：

```
file.exists('test-folder/test-file.csv')
#> [1] TRUE
```

将该测试文件的副本放在当前目录上一级的文件夹中。在这种情况下，我们可以用 .. 告诉 R 查找上一级文件夹，如下所示。

```
file.exists('../test-file.csv')
#> [1] TRUE
```

RStudio 项目

随书文件包中有一个名为 aia-book.Rproj 的文件。这是一个 RStudio 项目文件。项目是保存作品的好方法，它将保留我们在 RStudio 中打开的窗口和文件的配置信息。此外，项目会自动将工作目录设置为项目目录。这样一来，我们就无须在每个 R 脚本中使用 setwd() 函数切换目录。使用 .Rproj 文件时，我们可以通过 RStudio 右下窗格中的"文件"选项卡打开任何文件。

现在我们已经掌握了在 R 中查找文件的诀窍，接下来看看如何读取文件内容。随书文件包中有一个名为 datasets 的文件夹，其子文件夹 star 包含文件 districts.csv 和 star.xlsx。

要读取 .csv 文件，我们可以使用 readr 包中的 read_csv() 函数。由于 readr 包是 tidyverse 包的一部分，因此我们无须安装或加载任何新的 R 包。让我们将文件路径传递给 read_csv() 函数。（现在你明白为什么有必要理解文件路径和工作目录的原理了吧？）

```
read_csv('datasets/star/districts.csv')
#>-- Column specification --------------------------
#> cols(
#>   schidkn = col_double(),
#>   school_name = col_character(),
#>   county = col_character()
#> )
#>
#> # A tibble: 89 x 3
#>   schidkn school_name     county
#>     <dbl> <chr>           <chr>
#> 1       1 Rosalia         New Liberty
#> 2       2 Montgomeryville Topton
#> 3       3 Davy            Wahpeton
#> 4       4 Steelton        Palestine
#> 5       5 Bonifay         Reddell
#> 6       6 Tolchester      Sattley
#> 7       7 Cahokia         Sattley
#> 8       8 Plattsmouth     Sugar Mountain
#> 9       9 Bainbridge      Manteca
#>10      10 Bull Run        Manteca
#> # ... with 79 more rows
```

RStudio 的"导入数据集"向导

若想轻松导入数据集，请在 RStudio 中依次选择"File → Import Dataset"。R 提供了一系列选项，包括通过计算机的文件资源管理器选择源文件。

首先，以上输出结果显示了列，并说明了使用哪些函数将数据解析到 R 中。其次，输出结果以 tibble 形式列出了数据文件的前 10 行。tibble 是对 R 数据框的改进。它的大部分行为与 R 数据框类似，但更易用，尤其是在 tidyverse 包中。

虽然已将数据读入 R 中，但除非将其赋给一个对象，否则我们将无法对其进行太多处理操作：

```
districts <- read_csv('datasets/star/districts.csv')
```

tibble 有诸多优点，其中一个优点是不会输出过多内容。在以下例子中，tibble 仅输出了前 10 行数据：

```
districts
#> # A tibble: 89 x 3
#>    schidkn school_name      county
#>      <dbl> <chr>            <chr>
#> 1        1 Rosalia          New Liberty
#> 2        2 Montgomeryville  Topton
#> 3        3 Davy             Wahpeton
#> 4        4 Steelton         Palestine
#> 5        5 Bonifay          Reddell
#> 6        6 Tolchester       Sattley
#> 7        7 Cahokia          Sattley
#> 8        8 Plattsmouth      Sugar Mountain
#> 9        9 Bainbridge       Manteca
#> 10      10 Bull Run         Manteca
#> # ... with 79 more rows
```

由于 readr 包没有提供导入 Excel 工作簿的方法，因此我们将改用 readxl 包。虽然 readxl 包也是 tidyverse 包的一部分，但它不像 readr 包那样随核心包套件一起加载。这就是我们在本章开头单独导入它的原因。

我们使用 read_xlsx() 函数将 star.xlsx 作为 tibble 导入 R 中，如下所示：

```
star <- read_xlsx('datasets/star/star.xlsx')
head(star)
#> # A tibble: 6 x 7
#>   tmathssk treadssk classk       totexpk sex   freelunk schidkn
#>      <dbl>    <dbl> <chr>          <dbl> <chr> <chr>      <dbl>
#> 1      473      447 small.class        7 girl  no            63
#> 2      536      450 small.class       21 girl  no            20
#> 3      463      439 regular.wit~       0 boy   yes           19
#> 4      559      448 regular           16 boy   no            69
#> 5      489      447 small.class        5 boy   yes           79
#> 6      454      431 regular            8 boy   yes            5
```

我们还可以使用 readxl 包做更多工作，比如读取 .xls 文件或 .xlsm 文件，以及读取特定工作表或工作簿中的某个数据区域。要了解更多信息，请查看 readxl 包的文档。

7.5 探索R数据框

我们已经学习了如何使用 head() 和 str() 来了解 R 数据框。下面介绍更多有用的函数。View() 是 RStudio 的一个函数。Excel 用户肯定会非常喜欢它的输出形式：

```
View(star)
```

调用此函数后，我们会在脚本窗格中看到类似电子表格的视图。在该视图中，我们可以像在 Excel 中那样对数据进行排序、筛选和探索。然而，正如函数名 View 所示，它仅用于查看数据。我们无法通过它更改 R 数据框。

glimpse() 函数是打印 R 数据框内容的另一个函数。它来自 dplyr 包，是 tidyverse 包的一部分。在后续章节中，我们将主要使用 dplyr 包处理数据：

```
glimpse(star)
#> Rows: 5,748
#> Columns: 7
#> $ tmathssk <dbl> 473, 536, 463, 559, 489,...
#> $ treadssk <dbl> 447, 450, 439, 448, 447,...
#> $ classk   <chr> "small.class", "small.cl...
#> $ totexpk  <dbl> 7, 21, 0, 16, 5, 8, 17, ...
#> $ sex      <chr> "girl", "girl", "boy", "...
#> $ freelunk <chr> "no", "no", "yes", "no",...
#> $ schidkn  <dbl> 63, 20, 19, 69, 79, 5, 1...
```

除了以上函数，我们还可以使用 R 基础包中的 summary() 函数。它生成各种 R 对象的摘要。将 R 数据框传给 summary() 函数后，我们将得到关于它的一些基本的描述性统计信息：

```
summary(star)
#>    tmathssk       treadssk        classk            totexpk
#> Min.   :320.0  Min.   :315.0  Length:5748      Min.   : 0.000
#> 1st Qu.:454.0  1st Qu.:414.0  Class :character  1st Qu.: 5.000
#> Median :484.0  Median :433.0  Mode  :character  Median : 9.000
#> Mean   :485.6  Mean   :436.7                    Mean   : 9.307
#> 3rd Qu.:513.0  3rd Qu.:453.0                    3rd Qu.:13.000
#> Max.   :626.0  Max.   :627.0                    Max.   :27.000
#>     sex            freelunk
#> Length:5748      Length:5748
#> Class :character  Class :character
#> Mode  :character  Mode  :character
#>    schidkn
#> Min.   : 1.00
#> 1st Qu.:20.00
#> Median :39.00
#> Mean   :39.84
#> 3rd Qu.:60.00
#> Max.   :80.00
```

其他许多 R 包也提供了计算描述性统计量的函数。我最喜欢的一个函数就是 psych 包提供的 describe() 函数：

```
describe(star)
#>            vars    n   mean    sd median trimmed   mad min max range skew
#> tmathssk      1 5748 485.65 47.77    484  483.20 44.48 320 626   306 0.47
#> treadssk      2 5748 436.74 31.77    433  433.80 28.17 315 627   312 1.34
#> classk*       3 5748   1.95  0.80      2    1.94  1.48   1   3     2 0.08
#> totexpk       4 5748   9.31  5.77      9    9.00  5.93   0  27    27 0.42
#> sex*          5 5748   1.49  0.50      1    1.48  0.00   1   2     1 0.06
#> freelunk*     6 5748   1.48  0.50      1    1.48  0.00   1   2     1 0.07
#> schidkn       8 5748  39.84 22.96     39   39.76 29.65   1  80    79 0.04
#>           kurtosis   se
#> tmathssk      0.29 0.63
#> treadssk      3.83 0.42
#> classk*      -1.45 0.01
#> totexpk      -0.21 0.08
#> sex*         -2.00 0.01
#> freelunk*    -2.00 0.01
#> schidkn      -1.23 0.30
```

如果不熟悉这些描述性统计量，那么请查看函数的帮助文档。

7.6 索引R数据框和提取子集

在本章中，我们创建了一个名为 roster 的小型 R 数据框，其中包含 4 个人的名字和身高等信息。现在让我们用它来学习一些基本的 R 数据框操作技术。

在 Excel 中，我们可以使用 INDEX() 函数引用表格的行和列，如图 7-4 所示。

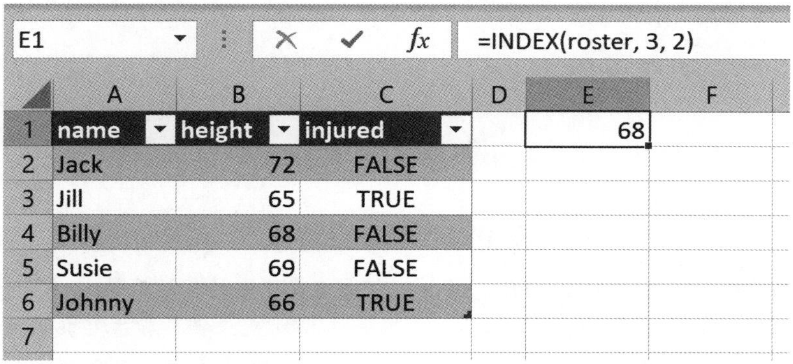

图 7-4：在 Excel 中使用 INDEX() 函数

在 R 中，操作非常相似。我们将使用与在索引向量时相同的括号表示法，但同时引用行和列的位置：

```
# R数据框的第3行第2列
roster[3, 2]
#> [1] 68
```

我们可以使用冒号运算符检索给定范围内的所有元素：

```
# 第2~4行，第1~3列
roster[2:4, 1:3]
#>    name height injured
#> 2  Jill     65    TRUE
#> 3 Billy     68   FALSE
#> 4 Susie     69   FALSE
```

我们也可以通过将其索引留空来选择整行或整列，或者使用 c() 函数提取非连续元素的子集：

```
# 仅选择第2行和第3行
roster[2:3,]
#>    name height injured
#> 2  Jill     65    TRUE
#> 3 Billy     68   FALSE
```

```
# 仅选择第1列和第3列
roster[, c(1,3)]
#>     name injured
#> 1   Jack   FALSE
#> 2   Jill    TRUE
#> 3  Billy   FALSE
#> 4  Susie   FALSE
#> 5 Johnny    TRUE
```

如果只想访问 R 数据框的某一列，那么我们可以使用 $ 运算符。有趣的是，这样做会得到一个向量：

```
roster$height
#> [1] 72 65 68 69 66
is.vector(roster$height)
#> [1] TRUE
```

这证实了 R 数据框确实是一组长度相等的向量的集合。

R 中的其他数据结构

我们重点讨论了向量和 R 数据框，因为它们与 Excel 中的区域和表格类似。然而，R 基础包还提供了其他一些数据结构，比如矩阵和列表。要了解这些数据结构及其与向量和 R 数据框的关系，请参阅 Hadley Wickham 所著的《高级 R 语言编程指南（原书第 2 版）》。

7.7　将数据写入R数据框

如前所述，在 R 中进行数据分析时，典型的做法是将数据读入 R 中，对其进行操作，然后导出结果。要将 R 数据框写入 .csv 文件，可以使用 readr 包中的 write_csv() 函数：

```
# 将R数据框roster写入.csv文件
write_csv(roster, 'output/roster-output-r.csv')
```

如果我们将工作目录设置为本书的随书文件包目录，则应该在 output 文件夹中找到该文件。

遗憾的是，readxl 包没有提供将数据写入 Excel 工作簿的函数。不过，我们可以使用 writexl 包及其 write_xlsx() 函数。

```
# 将roster从R数据框写入Excel工作簿
write_xlsx(roster, 'output/roster-output-r.xlsx')
```

7.8 本章小结

在本章中，我们先了解了包含单个元素的对象，然后了解了向量，最后了解了 R 数据框。本书后续将主要使用 R 数据框。但请记住，R 数据框是向量的集合，二者的行为基本相同。在第 8 章中，我们将学习如何分析和可视化 R 数据框，并最终检验 R 数据框中的关系。

7.9 练习

完成以下练习，以测试你对 R 数据结构的掌握程度。

1. 创建一个包含 5 个元素的字符向量，然后访问该向量的第 1 个和第 4 个元素。
2. 创建长度为 4 的向量 x 和 y，一个包含数值，另一个包含逻辑值。将它们相乘，并将结果传递给 z。结果如何？
3. 从 CRAN 下载 R 包 nycflights13。它包含多少个数据集？

   • 该 R 包中有一个名为 airports 的数据集。打印它的前几行及描述性统计信息。
   • 该 R 包中还有一个名为 weather 的数据集。查找它的第 10 ~ 12 行和第 4 ~ 7 列。将结果写入 .csv 文件和 Excel 工作簿。

第 8 章

使用R进行数据处理与可视化

美国统计学家 Ronald Thisted 曾调侃道："原始数据就像生土豆一样，使用前通常需要清洗。"数据处理需要时间，如果做过以下事情，你就会对其中的困难有所体会：

- 对列进行选择、删除或计算；
- 对行进行排序或筛选；
- 按类别进行分组和汇总；
- 通过公共字段连接多个数据集。

你很可能已经用 Excel 做过大量类似工作，而且可能已经用过 VLOOKUP( ) 和数据透视表等高级工具。在本章中，我们将学习如何在 R 中完成这些工作，特别是如何通过 dplyr 包来实现。

数据处理通常与可视化同步进行：如前所述，人们更乐于见到视觉信息，因此用可视化方式描述数据集是不错的做法。我们将学习如何使用 ggplot2 包对数据进行可视化。与 dplyr 包一样，它也是 tidyverse 包的一部分。这将为我们在第 9 章中使用 R 探索和检验数据关系奠定坚实的基础。现在，让我们导入所需的 R 包，并读入 star 数据集。

```
library(tidyverse)
library(readxl)

star <- read_excel('datasets/star/star.xlsx')
head(star)
#> # A tibble: 6 x 7
#>    tmathssk treadssk classk           totexpk sex   freelunk schidkn
#>       <dbl>    <dbl> <chr>              <dbl> <chr> <chr>        <dbl>
```

```
#> 1     473      447 small.class          7 girl  no           63
#> 2     536      450 small.class         21 girl  no           20
#> 3     463      439 regular.with.aide    0 boy   yes          19
#> 4     559      448 regular             16 boy   no           69
#> 5     489      447 small.class          5 boy   yes          79
#> 6     454      431 regular              8 boy   yes           5
```

8.1　使用dplyr包处理数据

dplyr 包是用于处理表格型数据结构的流行 R 包。它的很多函数具有相似的调用方式，而且组合使用也很容易。表 8-1 列出了 dplyr 包中的一些常用函数及其用途，本章将逐一介绍它们。

表8-1：dplyr包中的常用函数及其用途

函　　数	用　　途
select()	选择特定的列
mutate()	根据现有列创建新列
rename()	重命名特定的列
arrange()	根据指定条件对行进行重新排序
filter()	根据指定条件选择行
group_by()	根据给定的列对行进行分组
summarize()	聚合每组的值
left_join()	将表 B 中的匹配记录连接到表 A。如果在表 B 中未找到匹配项，则结果为 NA

为简洁起见，我不打算介绍 dplyr 包中的所有函数，甚至对于本书用到的函数，也不会详尽地展示其用法。要详细了解 dplyr 包，请参阅 Hadley Wickham 和 Garrett Grolemund 所著的《R 数据科学》。此外，还可以在 RStudio 中依次选择"Help → Cheat Sheets → Data Transformation with dplyr"来获得帮助。

8.1.1　按列操作

在 Excel 中选择和删除列通常需要对其进行隐藏或删除操作。这些操作很难核查或再现，因为隐藏的列很容易被忽略，删除的列则很难恢复。select() 函数可用于在 R 数据框中选择列。它的第一个参数是要操作的 R 数据框，其他参数则表示要进行的操作。比如，我们可以像下面这样从 star 中选择 tmathssk、treadssk 和 schidkn：

```
select(star, tmathssk, treadssk, schidkn)
#> # A tibble: 5,748 x 3
#>    tmathssk treadssk schidkn
#>       <dbl>    <dbl>   <dbl>
#> 1       473      447      63
#> 2       536      450      20
```

```
#>  3      463        439      19
#>  4      559        448      69
#>  5      489        447      79
#>  6      454        431       5
#>  7      423        395      16
#>  8      500        451      56
#>  9      439        478      11
#> 10      528        455      66
#> # ... with 5,738 more rows
```

我们还可以在 select() 中使用 - 运算符删除指定的列：

```
select(star, -tmathssk, -treadssk, -schidkn)
#> # A tibble: 5,748 x 4
#>    classk          totexpk sex   freelunk
#>    <chr>             <dbl> <chr> <chr>
#>  1 small.class           7 girl  no
#>  2 small.class          21 girl  no
#>  3 regular.with.aide     0 boy   yes
#>  4 regular              16 boy   no
#>  5 small.class           5 boy   yes
#>  6 regular               8 boy   yes
#>  7 regular.with.aide    17 girl  yes
#>  8 regular               3 girl  no
#>  9 small.class          11 girl  no
#> 10 small.class          10 girl  no
```

更好的做法是将所有不需要的列传递给一个向量，然后将其删除：

```
select(star, -c(tmathssk, treadssk, schidkn))
#> # A tibble: 5,748 x 4
#>    classk          totexpk sex   freelunk
#>    <chr>             <dbl> <chr> <chr>
#>  1 small.class           7 girl  no
#>  2 small.class          21 girl  no
#>  3 regular.with.aide     0 boy   yes
#>  4 regular              16 boy   no
#>  5 small.class           5 boy   yes
#>  6 regular               8 boy   yes
#>  7 regular.with.aide    17 girl  yes
#>  8 regular               3 girl  no
#>  9 small.class          11 girl  no
#> 10 small.class          10 girl  no
```

请记住，在前面的示例中，我们只调用了函数，而没有将输出结果赋给对象。

select() 的另一个用法是使用冒号运算符选择两列之间的所有内容（包括这两列）。这一次，我们将选择从 tmathssk 到 totexpk 的所有列，并将选择结果赋给 star：

```
star <- select(star, tmathssk:totexpk)
head(star)
#> # A tibble: 6 x 4
```

```
#>   tmathssk treadssk classk           totexpk
#>      <dbl>    <dbl> <chr>               <dbl>
#> 1      473      447 small.class             7
#> 2      536      450 small.class            21
#> 3      463      439 regular.with.aide       0
#> 4      559      448 regular                16
#> 5      489      447 small.class             5
#> 6      454      431 regular                 8
```

你可能在 Excel 中创建过计算列。R 函数 mutate() 可以完成同样的工作。让我们来创建名为 new_column 的列，其中的值是阅读成绩和数学成绩之和。使用 mutate() 时，我们给出新列的名称，然后输入一个等号，最后输入加法算式：

```
star <- mutate(star, new_column = tmathssk + treadssk)
head(star)
#> # A tibble: 6 x 5
#>   tmathssk treadssk classk           totexpk new_column
#>      <dbl>    <dbl> <chr>               <dbl>      <dbl>
#> 1      473      447 small.class             7        920
#> 2      536      450 small.class            21        986
#> 3      463      439 regular.with.aide       0        902
#> 4      559      448 regular                16       1007
#> 5      489      447 small.class             5        936
#> 6      454      431 regular                 8        885
```

使用 mutate()，我们可以很容易地创建相对复杂的计算列，比如涉及对数变换或滞后变量的计算列，详见帮助文档。

对于体现总成绩来说，new_column 并非有用的名称。所幸，我们可以使用 rename() 函数重命名该列，如下所示。

```
star <- rename(star, ttl_score = new_column)
head(star)
#> # A tibble: 6 x 5
#>   tmathssk treadssk classk           totexpk ttl_score
#>      <dbl>    <dbl> <chr>               <dbl>     <dbl>
#> 1      473      447 small.class             7       920
#> 2      536      450 small.class            21       986
#> 3      463      439 regular.with.aide       0       902
#> 4      559      448 regular                16      1007
#> 5      489      447 small.class             5       936
#> 6      454      431 regular                 8       885
```

8.1.2　按行操作

到目前为止，我们一直在按列操作。现在，让我们把关注点放在行上，特别是对行进行排序和筛选。在 Excel 中，我们可以使用菜单项"排序"按多列排序。比如，我们想先按 classk 排序，再按 treadssk 排序，且两者的次序都是升序，如图 8-1 所示。

图 8-1：在 Excel 中自定义排序菜单

要在 R 中实现相同的功能，请使用 dplyr 包中的 arrange() 函数，并在其参数中按顺序列出列名：

```
arrange(star, classk, treadssk)
#> # A tibble: 5,748 x 5
#>    tmathssk treadssk classk totexpk ttl_score
#>       <dbl>    <dbl> <chr>    <dbl>     <dbl>
#>  1      320      315 regular      3       635
#>  2      365      346 regular      0       711
#>  3      384      358 regular     20       742
#>  4      384      358 regular      3       742
#>  5      320      360 regular      6       680
#>  6      423      376 regular     13       799
#>  7      418      378 regular     13       796
#>  8      392      378 regular     13       770
#>  9      392      378 regular      3       770
#> 10      399      380 regular      6       779
#> # ... with 5,738 more rows
```

如果希望对列进行降序排列，那么我们可以对该列使用 desc() 函数：

```
# 对classk降序排列，对treadssk升序排列
arrange(star, desc(classk), treadssk)
#> # A tibble: 5,748 x 5
#>    tmathssk treadssk classk      totexpk ttl_score
#>       <dbl>    <dbl> <chr>         <dbl>     <dbl>
#>  1      412      370 small.class      15       782
#>  2      434      376 small.class      11       810
#>  3      423      378 small.class       6       801
#>  4      405      378 small.class       8       783
#>  5      384      380 small.class      19       764
#>  6      405      380 small.class      15       785
#>  7      439      382 small.class       8       821
#>  8      384      384 small.class      10       768
#>  9      405      384 small.class       8       789
#> 10      423      384 small.class      21       807
```

Excel 提供了有用的下拉菜单，我们可以根据给定条件筛选列。要在 R 中筛选列，我们可以使用 filter() 函数。让我们对 star 数据集进行筛选，只保留 classk 是 small.class 的记录。请记住，因为我们要检查相等性，而不是给对象赋值，所以这里必须使用 ==，而不是 =：

```
filter(star, classk == 'small.class')
#> # A tibble: 1,733 x 5
#>    tmathssk treadssk classk        totexpk ttl_score
#>       <dbl>    <dbl> <chr>           <dbl>     <dbl>
#>  1      473      447 small.class         7       920
#>  2      536      450 small.class        21       986
#>  3      489      447 small.class         5       936
#>  4      439      478 small.class        11       917
#>  5      528      455 small.class        10       983
#>  6      559      474 small.class         0      1033
#>  7      494      424 small.class         6       918
#>  8      478      422 small.class         8       900
#>  9      602      456 small.class        14      1058
#> 10      439      418 small.class         8       857
#> # ... with 1,723 more rows
```

从 tibble 的输出中可以看到，filter() 只影响行数，而不影响列数。现在我们查找 treadssk 的值大于或等于 500 的记录：

```
filter(star, treadssk >= 500)
#> # A tibble: 233 x 5
#>    tmathssk treadssk classk            totexpk ttl_score
#>       <dbl>    <dbl> <chr>               <dbl>     <dbl>
#>  1      559      522 regular                 8      1081
#>  2      536      507 regular.with.aide       3      1043
#>  3      547      565 regular.with.aide       9      1112
#>  4      513      503 small.class             7      1016
#>  5      559      605 regular.with.aide       5      1164
#>  6      559      554 regular                14      1113
#>  7      559      503 regular                10      1062
#>  8      602      518 regular                12      1120
#>  9      536      580 small.class            12      1116
#> 10      626      510 small.class            14      1136
#> # ... with 223 more rows
```

可以使用表示"与"的 & 运算符和表示"或"的 | 运算符按多个条件进行筛选。我们使用 & 运算符将前述两个条件组合起来，如下所示。

```
# 获取classk是small.class且treadssk大于或等于500的记录
filter(star, classk == 'small.class' & treadssk >= 500)
#> # A tibble: 84 x 5
#>    tmathssk treadssk classk        totexpk ttl_score
#>       <dbl>    <dbl> <chr>           <dbl>     <dbl>
#>  1      513      503 small.class         7      1016
#>  2      536      580 small.class        12      1116
#>  3      626      510 small.class        14      1136
#>  4      602      518 small.class         3      1120
#>  5      626      565 small.class        14      1191
```

```
#>  6       602       503 small.class        14        1105
#>  7       626       538 small.class        13        1164
#>  8       500       580 small.class         8        1080
#>  9       489       565 small.class        19        1054
#> 10       576       545 small.class        19        1121
#> # ... with 74 more rows
```

8.1.3 聚合和连接数据

我喜欢将数据透视表称为“Excel 的万金油”，因为它让我能够将数据“旋转”到不同的角度，以使数据分析变得更容易。我们重新创建图 8-2 中的数据透视表，其中显示了 star 数据集中按班级类型划分的平均数学成绩。

1. 通过classk 聚合数据

2. 取tmathssk 的均值

行标签	tmathssk的均值
regular	483.261
regular.with.aide	483.0099256
small.class	491.4702827

图 8-2：Excel 数据透视表的工作原理

图 8-2 中的数据透视表有两个元素。首先，我们通过变量 classk 聚合数据。然后，我们取 tmathssk 的均值。在 R 中，这两个操作是分开的，我们使用不同的 dplyr 函数来完成。首先，我们使用 group_by() 函数聚合数据。输出结果包括 # Groups: classk [3] 这一行，表示 star_grouped 被变量 classk 分成了 3 组：

```
star_grouped <- group_by(star, classk)
head(star_grouped)
#> # A tibble: 6 x 5
#> # Groups:   classk [3]
#>   tmathssk treadssk classk            totexpk ttl_score
#>      <dbl>    <dbl> <chr>               <dbl>     <dbl>
#> 1      473      447 small.class             7       920
#> 2      536      450 small.class            21       986
#> 3      463      439 regular.with.aide       0       902
#> 4      559      448 regular                16      1007
#> 5      489      447 small.class             5       936
#> 6      454      431 regular                 8       885
```

然后，我们使用 summarize() 函数对数据进行汇总，也可将该函数写为 summarise()。这里，我们将指定结果列的名称及计算方法。表 8-2 列出了一些常用的聚合函数。

表8-2：dplyr包中的常用聚合函数

函　　数	聚合类型
sum()	求和
n()	计数
mean()	求均值
max()	求最大值
min()	求最小值
sd()	求标准差

通过运行 summarize() 函数，我们可以按班级类型得到平均数学成绩：

```
summarize(star_grouped, avg_math = mean(tmathssk))
#> `summarise()` ungrouping output (override with `.groups` argument)
#> # A tibble: 3 x 2
#>   classk            avg_math
#>   <chr>                <dbl>
#> 1 regular               483.
#> 2 regular.with.aide     483.
#> 3 small.class           491.
```

警告消息"`summarise()` ungrouping output..."表明，我们已经通过聚合将 tibble 进行了分解。除了一些格式上的差异，我们得到的结果与图 8-2 中的几乎相同。

如果说数据透视表是"Excel 的万金油"，那么 VLOOKUP() 就是"万能胶带"，它让我们能够轻松地整合来自多个数据源的数据。在 star 数据集中，schidkn 是学区编号。我们之前删除了该列，现在重新把它加进来。假设除了学区编号，我们还想知道学校所在学区的名称。所幸，随书文件包中的 districts.csv 文件包含相关信息。让我们读入 star.xlsx 和 districts.csv 这两个文件，并找到一种整合二者的策略：

```
star <- read_excel('datasets/star/star.xlsx')
head(star)
#> # A tibble: 6 x 7
#>   tmathssk treadssk classk            totexpk sex   freelunk schidkn
#>      <dbl>    <dbl> <chr>               <dbl> <chr> <chr>      <dbl>
#> 1      473      447 small.class             7 girl  no            63
#> 2      536      450 small.class            21 girl  no            20
#> 3      463      439 regular.with.aide       0 boy   yes           19
#> 4      559      448 regular                16 boy   no            69
#> 5      489      447 small.class             5 boy   yes           79
#> 6      454      431 regular                 8 boy   yes            5

districts <- read_csv('datasets/star/districts.csv')

#> -- Column specification -----------------------------------------------
#> cols(
#>   schidkn = col_double(),
#>   school_name = col_character(),
#>   county = col_character()
#> )
```

```
head(districts)
#> # A tibble: 6 x 3
#>   schidkn school_name      county
#>     <dbl> <chr>            <chr>
#> 1       1 Rosalia          New Liberty
#> 2       2 Montgomeryville  Topton
#> 3       3 Davy             Wahpeton
#> 4       4 Steelton         Palestine
#> 5       6 Tolchester       Sattley
#> 6       7 Cahokia          Sattley
```

看起来我们需要的就是一个类似 VLOOKUP() 的函数：我们希望基于公共变量 schidkn 从 districts 中读入 school_name（还可以读入 county），并将读取结果放入 star 中。为了在 R 中实现这一过程，我们将使用连接方法（回顾第 5 章）。最接近 VLOOKUP() 的是左外连接，它可以通过 dplyr 包中的 left_join() 函数来实现。我们首先提供"基表"（star），然后提供"查找表"（districts）。该函数将查找并返回 star 中与 districts 匹配的记录，如果未找到匹配项，则返回 NA。我将只保留 star 中的部分列，以避免控制台中的信息过多：

```
# 将star左外连接到districts上
left_join(select(star, schidkn, tmathssk, treadssk), districts)
#> Joining, by = "schidkn"
#> # A tibble: 5,748 x 5
#>    schidkn tmathssk treadssk school_name     county
#>      <dbl>    <dbl>    <dbl> <chr>           <chr>
#> 1       63      473      447 Ridgeville      New Liberty
#> 2       20      536      450 South Heights   Selmont
#> 3       19      463      439 Bunnlevel       Sattley
#> 4       69      559      448 Hokah           Gallipolis
#> 5       79      489      447 Lake Mathews    Sugar Mountain
#> 6        5      454      431 NA              NA
#> 7       16      423      395 Calimesa        Selmont
#> 8       56      500      451 Lincoln Heights Topton
#> 9       11      439      478 Moose Lake      Imbery
#> 10      66      528      455 Siglerville     Summit Hill
#> # ... with 5,738 more rows
```

left_join() 非常"聪明"：它知道要根据 schidkn 连接。它不仅查找了 school_name，还查找了 county。要了解有关连接数据的更多信息，请查看帮助文档。

在 R 中，缺失的观测值被表示为特殊值 NA。举例来说，我们似乎找不到与学区 5 匹配的名称。在 VLOOKUP() 中，这将导致 #N/A 错误。NA 并不意味着观测值等于零，而只意味着值缺失。用 R 编程时，我们可能会遇到其他特殊值，如 NaN 或 NULL。要了解更多信息，请查看帮助文档。

8.1.4　dplyr包和管道运算符

如你所见，dplyr 包中的函数对于任何使用过数据（包括 Excel 数据）的人来说都是强大且直观的。任何从事数据工作的人都知道，往往无法只用一步就准备好所需的数据。举例来说，我们可能希望使用 star 执行一项典型的数据分析任务：

按班级类型计算平均阅读成绩，从高到低排序。

了解如何处理数据后，我们可以将任务分为以下 3 个步骤：

1. 按班级类型对数据进行分组；
2. 找出每组的平均阅读成绩；
3. 将这些结果从高到低排序。

使用 dplyr 包，我们可以执行以下操作：

```
star_grouped <- group_by(star, classk)
star_avg_reading <- summarize(star_grouped, avg_reading = mean(treadssk))
#> `summarise()` ungrouping output (override with `.groups` argument)
#>
star_avg_reading_sorted <- arrange(star_avg_reading, desc(avg_reading))
star_avg_reading_sorted
#>
#> # A tibble: 3 x 2
#>   classk            avg_reading
#>   <chr>                 <dbl>
#> 1 small.class           441.
#> 2 regular.with.aide     435.
#> 3 regular               435.
```

我们得到了答案，但用了较多步骤，并且很难记住各种函数和对象的名称。另一种方法是将这些函数用管道运算符 %>% 链接在一起。这样一来，我们就能将一个函数的输出直接传递给下一个函数作为其输入，从而避免不断进行输入和输出操作。管道运算符的默认快捷键是 Ctrl+Shift+M（Windows）或 Cmd+Shift+M（macOS）。

让我们使用管道运算符重新创建上述步骤。我们把每个函数单独放一行，并将它们用 %>% 链接起来。虽然把每个函数单独放一行并非强制要求，但为了提高代码的可读性，我推荐这样做。在使用管道运算符时，不必高亮显示整个代码块来运行它，只需将光标放在代码块中的任意位置并运行即可：

```
star %>%
  group_by(classk) %>%
  summarize(avg_reading = mean(treadssk)) %>%
  arrange(desc(avg_reading))
#> `summarise()` ungrouping output (override with `.groups` argument)
#> # A tibble: 3 x 2
#>   classk            avg_reading
#>   <chr>                 <dbl>
#> 1 small.class           441.
#> 2 regular.with.aide     435.
#> 3 regular               435.
```

我们不再将数据源显式地作为函数的参数。一开始，你可能对此不太习惯。但是，若对比两个代码块，我们就能看到后者的效率有多高。此外，管道运算符还可用于链接非 dplyr 函数。作为例子，让我们通过在管道末端包含 head() 来得到结果的前几行，如下所示。

```
# 每个学区的平均数学成绩与平均阅读成绩
star %>%
    group_by(schidkn) %>%
    summarize(avg_read = mean(treadssk), avg_math = mean(tmathssk)) %>%
    arrange(schidkn) %>%
    head()
#> `summarise()` ungrouping output (override with `.groups` argument)
#> # A. tibble: 6 x 3
#>   schidkn avg_read avg_math
#>     <dbl>    <dbl>    <dbl>
#> 1       1     444.     492.
#> 2       2     407.     451.
#> 3       3     441      491.
#> 4       4     422.     468.
#> 5       5     428.     460.
#> 6       6     428.     470.
```

8.1.5　使用tidyr包重塑数据

尽管结合使用 group_by() 与 summarize() 确实可以实现数据透视表的部分功能，但这些函数并不能完全取代数据透视表。如果我们不只聚合数据，还想重塑数据，或者改变行和列的设置方式，那么该怎么办呢？比如，star 数据集有两列分别表示数学成绩和阅读成绩，即 tmathssk 和 treadssk。我们想把它们合并为名叫 score 的一列，同时用另一列（名为test_type）表示每个观测值是数学成绩还是阅读成绩。此外，我们还想保留 schidkn，用于数据分析。

图 8-3 显示了大致满足上述要求的 Excel 结果。注意，我们分别将 tmathssk 和 treadssk 重新标记为 math 和 reading。你可以在随书文件包中的文件 ch-8.xlsx 中找到该数据透视表。这里，我们再次使用索引列，否则数据透视表将按 schidkn 汇总所有值。

	A	B	C	D
1				
2				
3	id ▼	schidkn ▼	Values	Total
4	1	63	reading	447
5	1	63	math	473
6	2	20	reading	450
7	2	20	math	536
8	3	19	reading	439
9	3	19	math	463
10	4	69	reading	448
11	4	69	math	559
12	5	79	reading	447

图 8-3：在 Excel 中重塑 star 数据集

我们可以使用 tidyverse 的核心包 tidyr 来重塑 star 数据集。在 R 中重塑数据时，就像在 Excel 中那样添加索引列也会很有帮助。我们可以使用 row_number() 函数来实现：

```
star_pivot <- star %>%
                select(c(schidkn, treadssk, tmathssk)) %>%
                mutate(id = row_number())
```

要重塑 R 数据框，我们将使用 pivot_longer() 和 pivot_wider()，二者都来自 tidyr 包。如果我们把 tmathssk 和 treadssk 合并成一列，那么数据集会变长还是变宽呢？由于我们要添加行，因此数据集将变长。在 pivot_longer() 中，我们使用参数 cols 指定要延长的列，并使用 values_to 命名结果列。此外，我们还将使用 names_to 命名表示每个成绩是数学成绩还是阅读成绩的一列：

```
star_long <- star_pivot %>%
                pivot_longer(cols = c(tmathssk, treadssk),
                            values_to = 'score', names_to = 'test_type')
head(star_long)
#> # A tibble: 6 x 4
#>   schidkn    id test_type score
#>     <dbl> <int> <chr>     <dbl>
#> 1      63     1 tmathssk    473
#> 2      63     1 treadssk    447
#> 3      20     2 tmathssk    536
#> 4      20     2 treadssk    450
#> 5      19     3 tmathssk    463
#> 6      19     3 treadssk    439
```

干得好！但有没有办法将 tmathssk 和 treadssk 分别重命名为 math 和 reading 呢？答案是肯定的。我们可以使用 recode()，它是另一个可以与 mutate() 一起使用的 dplyr 函数。recode() 的用法与 dplyr 包中的其他函数稍有不同，因为我们需要把旧值放在等号之前，而把新值放在等号之后。dplyr 包中的 distinct() 函数可用于确认重命名成功：

```
# 将tmathssk和treadssk分别重命名为math和reading
star_long <- star_long %>%
   mutate(test_type = recode(test_type,
                            'tmathssk' = 'math', 'treadssk' = 'reading'))
distinct(star_long, test_type)
#> # A tibble: 2 x 1
#>   test_type
#>   <chr>
#> 1 math
#> 2 reading
```

现在数据框已经变长，我们可以使用 pivot_wider() 将其加宽。这一次，我们用 values_from 指定哪一列的值应该被展开成新列，并用 names_from 指定新列应该使用的列名：

```
star_wide <- star_long %>%
                pivot_wider(values_from = 'score', names_from = 'test_type')
head(star_wide)
```

```
#> # A tibble: 6 x 4
#>   schidkn    id  math reading
#>     <dbl> <int> <dbl>   <dbl>
#> 1      63     1   473     447
#> 2      20     2   536     450
#> 3      19     3   463     439
#> 4      69     4   559     448
#> 5      79     5   489     447
#> 6       5     6   454     431
```

在 R 中重塑数据是一个相对复杂的操作。每当有疑问时，问问自己：**我是在让数据集变长还是变宽？如果使用数据透视表，那么我会如何做？**如果我们能够清楚地知道需要做的每一步，那么编写代码就会容易得多。

8.2　使用ggplot2包可视化数据

虽然我们还可以用 dplyr 包做更多的数据处理工作，但现在让我们把注意力转向数据可视化。具体地说，我们将关注另一个 tidyverse 包，即 ggplot2。ggplot2 以计算机科学家 Leland Wilkinson 设计的"图形语法"（grammar of graphics）命名并建模，它提供了一种有序的绘图方法。这种结构受语言元素的组合方式启发，因此被称为图形的"语法"。

我们将学习 ggplot2 的一些基本要素和绘图类型。有关该 R 包的更多信息，请参阅由该 R 包作者 Hadley Wickham 所著的《ggplot2：数据分析与图形艺术》。我们还可以在 RStudio 中了解它的用法，路径是"Help → Cheat Sheets → Data Visualization with ggplot2"。表 8-3 列出了 ggplot2 的一些基本要素。要了解其他可用要素，请参阅上述参考资料。

表8-3：ggplot2的基本要素

要　　素	说　　明
data	数据源
aes	从数据到视觉属性（x 轴和 y 轴、颜色、大小等）的美学映射
geom	图中几何对象的类型（线、条、点等）

我们首先将 classk 的每个级别的观测值个数可视化为条形图。使用 ggplot() 函数，并在其中指定表 8-3 所示的要素：

```
ggplot(data = star, ❶
        aes(x = classk)) + ❷
   geom_bar() ❸
```

❶ 参数 data 指定数据源。

❷ aes() 函数指定从数据到视觉属性的美学映射。在本例中，我们要求将 classk 映射到 x 轴上。

❸ geom_bar() 函数根据指定的数据和美学映射绘制几何对象。结果如图 8-4 所示。

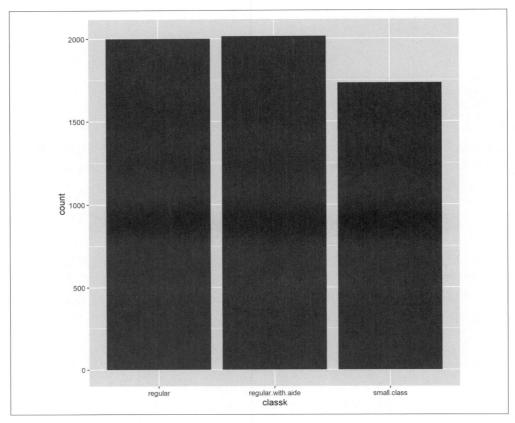

图 8-4：用 ggplot2 绘制条形图

与管道运算符类似，虽然不必将绘图的每一层都单独放一行，但为了提高代码的可读性，通常应该这样做。我们可以通过将光标放在代码块的任意位置来运行绘图函数。

由于其模块化方法，ggplot2 很容易通过迭代实现可视化。比如，可以通过更改 x 轴的映射并使用 geom_histogram() 函数，将绘图类型改为针对 treadssk 的直方图。生成的直方图如图 8-5 所示。

```
ggplot(data = star, aes(x = treadssk)) +
  geom_histogram()
#> `stat_bin()` using `bins = 30`. Pick better value with `binwidth`.
```

我们可以采用多种方式自定义 ggplot2 的绘图结果。以上代码表明，直方图有 30 个矩形。让我们将该数值更改为 25，并在 geom_histogram() 中指定用粉红色进行填充。生成的直方图如图 8-6 所示。

```
ggplot(data = star, aes(x = treadssk)) +
  geom_histogram(bins = 25, fill = 'pink')
```

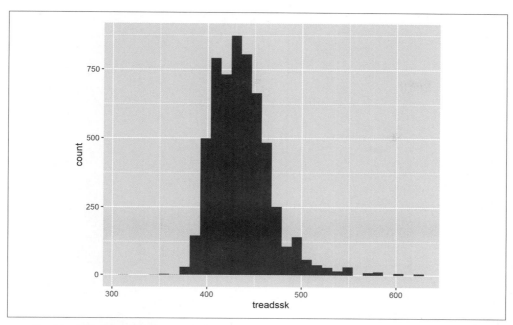

图 8-5：用 ggplot2 绘制直方图

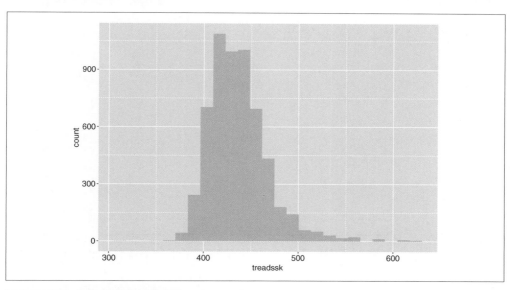

图 8-6：在 ggplot2 中自定义直方图

使用 geom_boxplot() 可以创建箱线图，如图 8-7 所示。

```
ggplot(data = star, aes(x = treadssk)) +
  geom_boxplot()
```

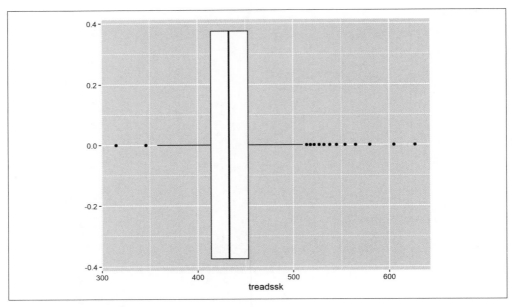

图 8-7：用 ggplot2 绘制箱线图

我们可以通过将感兴趣的变量包含在 y 轴映射中来"翻转"绘图结果，如图 8-8 所示。

```
ggplot(data = star, aes(y = treadssk)) +
  geom_boxplot()
```

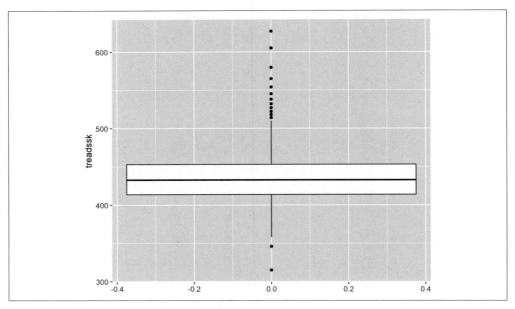

图 8-8："翻转"箱线图

现在，我们通过将 classk 映射到 x 轴，将 treadssk 映射到 y 轴，为班级类型的每个级别绘制箱线图，如图 8-9 所示。

```
ggplot(data = star, aes(x = classk, y = treadssk)) +
    geom_boxplot()
```

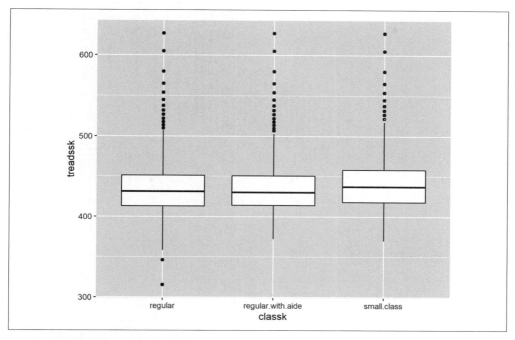

图 8-9：分组箱线图

同理，我们可以使用 geom_point() 绘制 tmathssk 和 treadssk 的关系。结果是散点图，如图 8-10 所示。

```
ggplot(data = star, aes(x = tmathssk, y = treadssk)) +
    geom_point()
```

我们可以使用其他一些 ggplot2 函数为 x 轴和 y 轴显示标签，并显示图的标题，如图 8-11 所示。

```
ggplot(data = star, aes(x = tmathssk, y = treadssk)) +
    geom_point() +
    xlab('Math score') + ylab('Reading score') +
    ggtitle('Math score versus reading score')
```

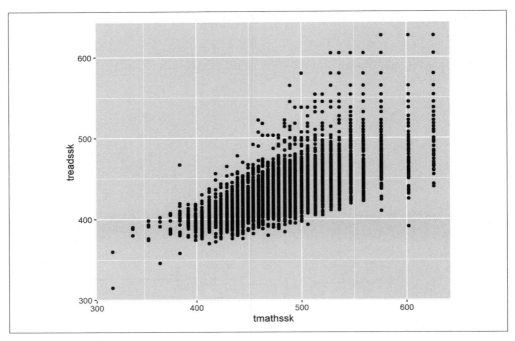

图 8-10：用 ggplot2 绘制散点图

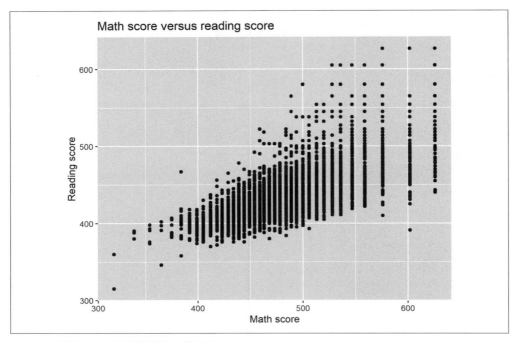

图 8-11：带有自定义轴标签和标题的散点图

8.3 本章小结

dplyr 包和 ggplot2 包的功能还有很多，但本章足以让我们着手执行实际的任务：探索和检验数据中的关系。这将是第 9 章的重点。

8.4 练习

随书文件包中的 datasets 文件夹包含 census 子文件夹，其中有两个文件：census.csv 和 census-divisions.csv。将它们读入 R 并执行以下操作。

1. 按区域升序、按分区升序并按人口数降序对数据进行排序。（需要先合并数据集才能完成此操作。）将结果写入 Excel 工作簿。
2. 从合并后的数据集中删除邮政编码（postal_code）字段。
3. 创建新列 density，并用该列表示人口数除以土地面积的计算结果。
4. 可视化 2015 年的土地面积和人口数之间的关系。
5. 计算 2015 年每个地区的总人口数。
6. 创建一张包含州名和人口数的表格，将 2010 年 ~ 2015 年的人口数单独保存一列。

第9章

使用R进行数据分析

在本章中，我们将应用所学的 R 数据分析技巧和可视化方法，探索和检验 mpg 数据集中的关系。我们将学习一些新技巧，包括如何在 R 中进行 t 检验和线性回归。我们将首先调用所需的 R 包，从随书文件包中的 datasets 文件夹的 mpg 子文件夹中读取文件 mpg.csv，然后选择相应的列。我们之前没有用过 tidymodels 包，因此这里需要先安装它。

```
library(tidyverse)
library(psych)
library(tidymodels)

# 读入数据，并选择所需的列
mpg <- read_csv('datasets/mpg/mpg.csv') %>%
  select(mpg, weight, horsepower, origin, cylinders)

#> -- Column specification ------------------------------------------------
#> cols(
#>  mpg = col_double(),
#>  cylinders = col_double(),
#>  displacement = col_double(),
#>  horsepower = col_double(),
#>  weight = col_double(),
#>  acceleration = col_double(),
#>  model.year = col_double(),
#>  origin = col_character(),
#>  car.name = col_character()
#> )

head(mpg)
#> # A tibble: 6 x 5
#>     mpg weight horsepower origin cylinders
```

```
#>    <dbl>   <dbl>         <dbl> <chr>          <dbl>
#> 1     18    3504           130 USA                8
#> 2     15    3693           165 USA                8
#> 3     18    3436           150 USA                8
#> 4     16    3433           150 USA                8
#> 5     17    3449           140 USA                8
#> 6     15    4341           198 USA                8
```

9.1　探索性数据分析

在探索数据时，不妨从描述性统计量着手。我们使用 psych 包中的 describe() 函数来获得描述性统计信息：

```
describe(mpg)
#>             vars   n     mean      sd  median  trimmed     mad   min
#> mpg            1 392    23.45    7.81   22.75    22.99    8.60     9
#> weight         2 392  2977.58  849.40 2803.50  2916.94  948.12  1613
#> horsepower     3 392   104.47   38.49   93.50    99.82   28.91    46
#> origin*        4 392     2.42    0.81    3.00     2.53    0.00     1
#> cylinders      5 392     5.47    1.71    4.00     5.35    0.00     3
#>              max   range   skew kurtosis     se
#> mpg         46.6    37.6   0.45    -0.54   0.39
#> weight    5140.0  3527.0   0.52    -0.83  42.90
#> horsepower 230.0   184.0   1.08     0.65   1.94
#> origin*      3.0     2.0  -0.91    -0.86   0.04
#> cylinders    8.0     5.0   0.50    -1.40   0.09
```

因为 origin 是分类变量，所以我们在理解它的描述性统计信息时应该谨慎。（事实上，psych 包使用符号“*”来表示警告。）然而，我们可以安全地分析它的单向频率表。为此，我们将使用 dplyr 包中的 count() 函数：

```
mpg %>%
  count(origin)
#> # A tibble: 3 x 2
#>   origin      n
#>   <chr>   <int>
#> 1 Asia       79
#> 2 Europe     68
#> 3 USA       245
```

我们从得出的计数列 n 可知，虽然超过半数的观测结果是美国汽车，但亚洲汽车和欧洲汽车的观测结果仍然可能是其亚群体的代表性样本。

让我们进一步按 cylinders 细分这些计数值，以导出双向频率表。我们将把 count() 与 pivot_wider() 链接起来，按列显示 cylinders：

```
mpg %>%
  count(origin, cylinders) %>%
  pivot_wider(values_from = n, names_from = cylinders)
#> # A tibble: 3 x 6
```

```
#>    origin   `3`   `4`   `6`   `5`   `8`
#>    <chr>  <int> <int> <int> <int> <int>
#> 1 Asia       4    69     6    NA    NA
#> 2 Europe    NA    61     4     3    NA
#> 3 USA       NA    69    73    NA   103
```

请记住，NA 表示缺失值。在本例中，这是因为 R 没有找到交叉的观测值。

从结果可知，没有多少汽车采用 3 缸发动机或 5 缸发动机。并且，只有美国汽车采用 8 缸发动机。在分析数据时，我们往往会遇到不均衡的数据集，即级别间的观测值数量不均衡。为此类数据集建模通常需要特殊技巧。要详细了解如何处理不均衡的数据集，请参阅 Peter Bruce 等人所著的《数据科学中的实用统计学（第 2 版）》。

我们还可以针对 origin 的每个级别计算描述性统计量。首先使用 select() 选择感兴趣的变量，然后使用 psych 包中的 describeBy() 函数，将 group 参数设为 origin：

```
mpg %>%
  select(mpg, origin) %>%
  describeBy(group = 'origin')

#>   Descriptive statistics by group
#> origin: Asia
         vars   n  mean    sd median trimmed  mad  min   max range
#> mpg       1  79 30.45  6.09   31.6   30.47 6.52   18  46.6  28.6
#> origin*   2  79  1.00  0.00    1.0    1.00 0.00    1   1.0   0.0
         skew kurtosis   se
#> mpg    0.01    -0.39 0.69
#> origin* NaN      NaN 0.00

#> origin: Europe
         vars   n mean    sd median trimmed  mad  min   max range
#> mpg       1  68 27.6  6.58     26    27.1 5.78 16.2  44.3  28.1
#> origin*   2  68  1.0  0.00      1     1.0 0.00  1.0   1.0   0.0
         skew kurtosis  se
#> mpg    0.73     0.31 0.8
#> origin* NaN      NaN 0.0

#> origin: USA
         vars    n  mean    sd median trimmed  mad min max range
#> mpg       1  245 20.03  6.44   18.5   19.37 6.67   9  39    30
#> origin*   2  245  1.00  0.00    1.0    1.00 0.00   1   1     0
         skew kurtosis   se
#> mpg    0.83     0.03 0.41
#> origin* NaN      NaN 0.00
```

现在我们进一步了解 origin 和 mpg 之间的潜在关系。我们首先用直方图对 mpg 的分布进行可视化，如图 9-1 所示。

```
ggplot(data = mpg, aes(x = mpg)) +
  geom_histogram()
#> `stat_bin()` using `bins = 30`. Pick better value with `binwidth`.
```

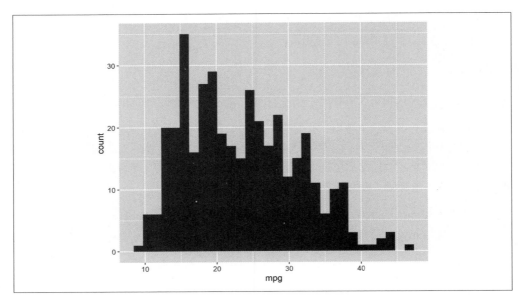

图 9-1：mpg 的分布

接着，我们通过 origin 来可视化 mpg 的分布。将 origin 的所有 3 个级别叠加在一张直方图上可能会使直方图变得杂乱无章。相比之下，图 9-2 所示的箱线图可能更合适。

```
ggplot(data = mpg, aes(x = origin, y = mpg)) +
    geom_boxplot()
```

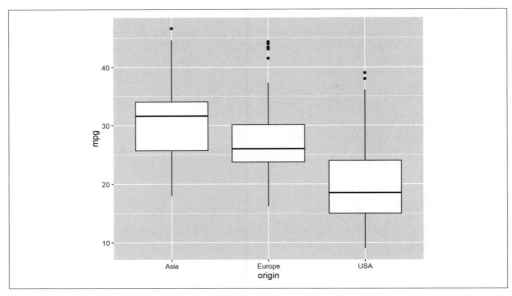

图 9-2：按 origin 可视化 mpg 的分布

如果我们更愿意使用直方图进行可视化，而不把图搞得一团糟，那么可以在 R 中使用**分面图**。使用 facet_grid() 将 ggplot2 图拆分为分面图。我们以运算符 ~ 开始，然后输入变量名。当看到 R 代码中的运算符 ~ 时，请将其视为表示"按"的意思。在本例中，我们按 origin 拆分直方图，结果如图 9-3 所示。

```
# 按origin拆分直方图
ggplot(data = mpg, aes(x = mpg)) +
  geom_histogram() +
  facet_grid(~ origin)
#> `stat_bin()` using `bins = 30`. Pick better value with `binwidth`.
```

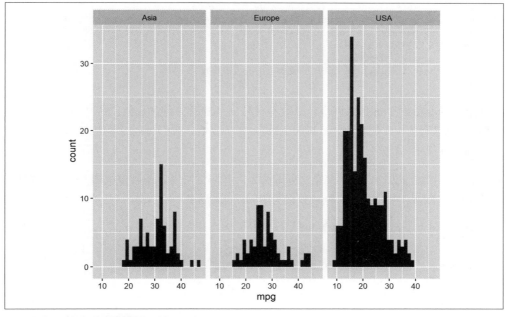

图 9-3：按 origin 拆分直方图

9.2 假设检验

现在，让我们把注意力转向假设检验。我们想知道美国汽车和欧洲汽车在燃油效率上是否存在显著差异。为此，我们创建一个只包含相关观测值的 R 数据框，并使用它进行 t 检验。

```
mpg_filtered <- filter(mpg, origin=='USA' | origin=='Europe')
```

> **跨多组检验关系**
>
> 我们确实可以使用假设检验来寻找美国汽车和欧洲汽车在燃油效率上的差异。这种检验被称为**方差分析**。它值得我们进一步学习。

9.2.1　独立样本t检验

R 提供"开箱即用"的 t 检验函数 t.test()。我们需要用 data 参数指定数据源，还需要指定要检验的**公式**。为此，我们使用运算符 ~ 设置自变量和因变量之间的关系。因变量在 ~ 之前，自变量在 ~ 之后。同样，我们可以将该运算符视为表示"按"的意思。

```
# 因变量在~之前，自变量在~之后
t.test(mpg ~ origin, data = mpg_filtered)
#>   Welch Two Sample t-test
#>
#>    data: mpg by origin
#>    t = 8.4311, df = 105.32, p-value = 1.93e-13
#>    alternative hypothesis: true difference in means is not equal to 0
#>    95 percent confidence interval:
#>    5.789361 9.349583
#>    sample estimates:
#>    mean in group Europe    mean in group USA
#>                27.60294             20.03347
```

R 甚至明确地指出了备择假设是什么，并且给出了置信区间和 p 值。这是不是很直观？（从这里可以看出，R 是为统计分析而生的。）基于 p 值，我们将拒绝零假设。两组的均值似乎确实有差异。

现在让我们把注意力转向连续变量之间的关系。我们将使用 R 基础包中的 cor() 函数打印相关矩阵。为此，我们将仅对 mpg 数据集中的连续变量执行此操作：

```
select(mpg, mpg:horsepower) %>%
  cor()
#>                     mpg     weight horsepower
#> mpg          1.0000000 -0.8322442 -0.7784268
#> weight      -0.8322442  1.0000000  0.8645377
#> horsepower  -0.7784268  0.8645377  1.0000000
```

举例来说，我们可以使用 ggplot2 对车辆重量和燃油效率之间的关系进行可视化，如图 9-4 所示。

```
ggplot(data = mpg, aes(x = weight,y = mpg)) +
  geom_point() + xlab('weight (pounds)') +
  ylab('mileage (mpg)') + ggtitle('Relationship between weight and mileage')
```

我们也可以使用 R 基础包中的 pairs() 函数生成所有变量组合的散点图矩阵，其布局类似相关矩阵，如图 9-5 所示。

```
select(mpg, mpg:horsepower) %>%
  pairs()
```

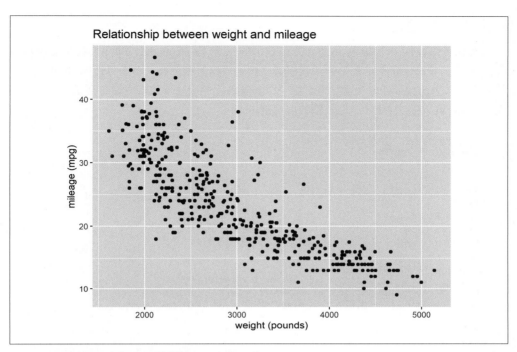

图 9-4：用散点图可视化车辆重量和燃油效率之间的关系

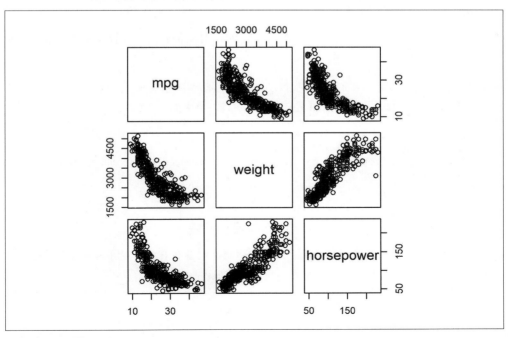

图 9-5：散点图矩阵

9.2.2 线性回归

现在我们可以使用 R 基础包中的 lm() 函数（lm 表示 linear model，即线性模型）进行线性回归了。与 t.test() 函数类似，我们需要指定数据源和公式。由于线性回归的结果比 t 检验要多，因此我们通常先将结果赋给一个新对象，然后分别探索它的各个元素。具体来说，summary() 函数提供了回归模型的有用概述：

```
mpg_regression <- lm(mpg ~ weight, data = mpg)
summary(mpg_regression)

#>    Call:
#>    lm(formula = mpg ~ weight, data = mpg)
#>
#>    Residuals:
#>        Min      1Q  Median      3Q     Max
#>    -11.9736 -2.7556 -0.3358  2.1379 16.5194
#>
#>    Coefficients:
#>                 Estimate Std. Error t value Pr(>|t|)
#>    (Intercept) 46.216524   0.798673   57.87   <2e-16 ***
#>    weight      -0.007647   0.000258  -29.64   <2e-16 ***
#>    ---
#>    Signif. codes:  0 '***' 0.001 '**' 0.01 '*' 0.05 '.' 0.1 ' ' 1
#>
#>    Residual standard error: 4.333 on 390 degrees of freedom
#>    Multiple R-squared:  0.6926,    Adjusted R-squared:  0.6918
#>    F-statistic: 878.8 on 1 and 390 DF,  p-value: < 2.2e-16
```

我们应该很熟悉以上输出，其中有系数、p 值、R 方等其他数值。同样，车辆重量似乎对燃油效率有显著的影响。

最后不能不提的一点是，我们可以通过在 ggplot() 函数中包含 geom_smooth() 函数，并将 method 参数设置为 lm，来在散点图上拟合出回归线。结果如图 9-6 所示。

```
ggplot(data = mpg, aes(x = weight, y = mpg)) +
  geom_point() + xlab('weight (pounds)') +
  ylab('mileage (mpg)') + ggtitle('Relationship between weight and mileage') +
  geom_smooth(method = lm)
#> `geom_smooth()` using formula 'y ~ x'
```

置信区间与线性回归

注意图 9-6 中沿回归线的阴影区域。这是回归斜率的置信区间。对于每个 x 值，它以 95% 的置信度表示我们认为真实的总体所在的区域。

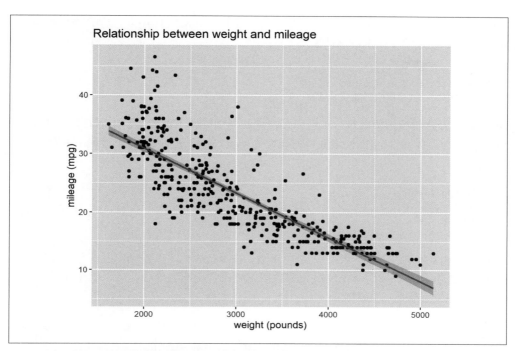

图 9-6：用散点图可视化车辆重量和燃油效率之间的关系（带回归线）

9.2.3 训练集/测试集分离和验证

第 5 章简要介绍了机器学习与广义的数据分析的关系。在数据分析工作中，我们可能会遇到一种机器学习技术，即**训练集 / 测试集分离**。它的主要思想是使用数据集的一个子集（训练集）训练模型，然后使用另一个子集（测试集）测试它。这样做保证了模型不仅适用于特定的观测样本，而且可以泛化到总体。数据科学家通常十分关注模型在测试数据上的预测表现。

让我们在 R 中拆分 mpg 数据集，首先在部分数据上训练线性回归模型，然后利用其余数据进行测试。为此，我们将使用 tidymodels 包。它虽然不是 tidyverse 包的一部分，但该 R 包遵循相同的构建原则，因此可以很好地与 tidyverse 包结合使用。

你可能还记得，在第 2 章中，因为使用随机数，所以我们在 Excel 工作簿中看到的结果与书中的结果不同。同理，因为我们将随机拆分数据集，所以可能再次遇到这个问题。为了避免这种情况，我们可以设置随机数生成器的种子，从而使其每次生成相同的随机数序列。这可以通过 set.seed() 函数完成，我们可以将其设置为任何数，不过通常设置为 1234：

```
set.seed(1234)
```

我们首先使用 initial_split() 函数拆分数据集，然后分别使用 training() 函数和 testing() 函数将数据集划分为训练集和测试集：

```
mpg_split <- initial_split(mpg)
mpg_train <- training(mpg_split)
mpg_test <- testing(mpg_split)
```

tidymodels 默认将数据集随机分成两组：75% 的观测值属于训练集，其余的属于测试集。为了确认这一点，我们可以使用 R 基础包中的 dim() 函数分别获取每个数据子集的行数和列数：

```
dim(mpg_train)
#> [1] 294   5
dim(mpg_test)
#> [1] 98   5
```

训练集和测试集分别有 294 个和 98 个观测值。样本量应该足以让我们进行有意义的统计推断。虽然我们在机器学习中使用大型数据集时通常无须考虑这一点，但在拆分数据集时，小样本量可能是一个限制。

除了 75∶25，我们还可以采用其他比例来拆分数据集。有关更多信息，请查看 tidymodels 文档。不过，在我们十分熟悉回归分析之前，最好采用默认比例。

为了训练模型，我们将首先使用 linear_reg() 函数指定模型类型，然后进行拟合。fit() 函数的输入对我们来说应该很熟悉，但这次我们只使用 mpg 的训练集。

```
# 指定模型类型
lm_spec <- linear_reg()

# 拟合模型
lm_fit <- lm_spec %>%
  fit(mpg ~ weight, data = mpg_train)
#> Warning message:
#> Engine set to `lm`.
```

我们从控制台的输出中可以看到，R 基础包中的 lm() 函数（我们已经使用过它）被用作拟合模型的引擎。

我们使用 tidy() 函数获得模型的系数和 p 值，并使用 glance() 函数获得其性能指标（如 R 方）：

```
tidy(lm_fit)
#> # A tibble: 2 x 5
#>   term        estimate std.error statistic  p.value
#>   <chr>          <dbl>     <dbl>     <dbl>    <dbl>
#> 1 (Intercept) 47.3      0.894        52.9 1.37e-151
#> 2 weight      -0.00795  0.000290    -27.5 6.84e- 83
#>
```

```
glance(lm_fit)
#> # A tibble: 1 x 12
#>   r.squared adj.r.squared sigma statistic  p.value    df logLik   AIC
#>       <dbl>         <dbl> <dbl>     <dbl>    <dbl> <dbl>  <dbl> <dbl>
#> 1     0.721         0.720  4.23      754. 6.84e-83     1  -840. 1687.
#> # ... with 4 more variables: BIC <dbl>, deviance <dbl>,
#> #   df.residual <int>, nobs <int>
```

这很好，但我们真正想知道的是，当将此模型应用于新数据集时，它的性能如何。这就是测试集的意义所在。要对 mpg_test 进行预测，我们使用 predict() 函数。此外，我们还将使用 bind_cols() 函数将预测的 Y 值列添加到 R 数据框中。默认情况下，此列将被命名为 .pred：

```
mpg_results <- predict(lm_fit, new_data = mpg_test) %>%
  bind_cols(mpg_test)

mpg_results
#> # A tibble: 98 x 6
#>    .pred   mpg weight horsepower origin cylinders
#>    <dbl> <dbl>  <dbl>      <dbl> <chr>      <dbl>
#>  1  20.0    16   3433        150 USA            8
#>  2  16.7    15   3850        190 USA            8
#>  3  25.2    18   2774         97 USA            6
#>  4  30.3    27   2130         88 Asia           4
#>  5  28.0    24   2430         90 Europe         4
#>  6  21.0    19   3302         88 USA            6
#>  7  14.2    14   4154        153 USA            8
#>  8  14.7    14   4096        150 USA            8
#>  9  29.6    23   2220         86 USA            4
#> 10  29.2    24   2278         95 Asia           4
#> # ... with 88 more rows
```

我们已经将该模型应用于新数据集，现在来评估它的性能。举例来说，我们可以通过 rsq() 函数计算 R 方。在 R 数据框 mpg_results 中，我们需要用 truth 参数指定包含实际值的一列，并用 estimate 参数指定包含预测值的一列：

```
rsq(data = mpg_results, truth = mpg, estimate = .pred)
#> # A tibble: 1 x 3
#>   .metric .estimator .estimate
#>   <chr>   <chr>          <dbl>
#> 1 rsq     standard       0.606
```

R 方为 60.6%。这说明该模型能够较好地解释测试数据中的变异性。

另一个常用的评估指标是**均方根误差**（root mean square error，RMSE）。第 4 章介绍了残差，即期望值与观测值之间的差异。均方根误差是残差的标准差，因此它是对误差扩散程度的估计。rmse() 函数的作用就是返回均方根误差：

```
rmse(data = mpg_results, truth = mpg, estimate = .pred)
#> # A tibble: 1 x 3
#>   .metric .estimator .estimate
#>   <chr>   <chr>          <dbl>
#> 1 rmse    standard        4.65
```

因为均方根误差与因变量的规模有关，所以没有一种万能的方法来计算它。不过，对于使用相同数据集的两个彼此竞争的模型，我们一般首选均方根误差较小的模型。

tidymodels 包为在 R 中拟合和评估模型提供了多种技术。我们研究了接受连续因变量的回归模型。不过，我们也可以构建分类模型，其中的因变量是分类变量。因为 tidymodels 包是相对较新的 R 包，所以可参考的文献较少，但随着它的普及，我们一定会看到越来越多的文献。

9.3　本章小结

当然，我们可以进一步探索和检验 mpg 数据集和其他数据集中的关系，本章为此奠定了坚实的基础。至此，我们已经从 Excel 成功跃入 R 的世界。

9.4　练习

请花一些时间尝试使用熟悉的步骤分析熟悉的数据集，但现在要使用 R。在第 4 章末尾，我们练习了分析随书文件包中的 ais 数据集。我们可以在 R 包 DAAG 中获得该数据集。尝试安装并在 R 中加载它（它可作为 R 对象 ais 使用）。请执行以下操作。

1. 按性别（sex）可视化红细胞计数（rcc）的分布。
2. 不同性别的红细胞计数有显著差异吗？
3. 生成此数据集中相关变量的相关矩阵。
4. 可视化身高（ht）和体重（wt）之间的关系。
5. 在 wt 上对 ht 进行回归。找到拟合回归线的方程。二者之间是否存在显著的关系？ht 的变异性在多大程度上可由 wt 解释（用百分比回答）？
6. 将 ais 数据集拆分为训练集和测试集，并计算模型的 R 方和均方根误差。

## 第三部分

从Excel到Python

第10章

使用Python之前的准备工作

Python 是由 Guido van Rossum 于 1991 年创建的程序设计语言。与 R 一样，它也是免费、开源的。创建该语言时，van Rossum 正在阅读英国喜剧 *Monty Python's Flying Circus* 的剧本，于是就决定以该喜剧名中的 Python 一词命名这种语言。与 R 不同的是，Python 并非专为数据分析而设计的，它旨在成为通用语言，可与操作系统交互、处理错误消息等。这一设计思想对 Python 如何"思考"和处理数据产生了重要的影响。举例来说，我们在第 7 章中看到，R 内置了表格型数据结构。而 Python 则需要更多地依赖外部软件包来实现类似功能。

这未必是问题：和 R 一样，Python 有数千个包。这些包由一个蓬勃发展的开发者社区维护。我们会发现，Python 被用于方方面面，从移动应用程序开发到嵌入式开发，当然还有数据分析。Python 拥有多样化、快速增长的用户群。这使它成为十分流行的数据分析和计算语言。

　　Python 被认为是一种通用语言，而 R 则是专为统计分析而生的语言。

10.1　下载Python

Python 软件基金会负责维护"官方"的 Python 源代码。因为 Python 是开源软件，所以任何人都可以获取、添加和重新发布 Python 代码。Anaconda 就是这样一个 Python 发行版，它也是本书推荐安装的版本。它由一家名叫 Anaconda 的营利性公司维护，并以付费方式提供服务。我们将使用免费个人版。Python 3 是当前的主流版本。请在 Anaconda 网站上下载 Python 3 的最新版本。

Python 2 和 Python 3

于 2008 年发布的 Python 3 对该语言进行了重大更改。重要的是，它并未向后兼容 Python 2。这意味着用 Python 2 编写的代码不一定能在 Python 3 中运行，反之亦然。如今，Python 2 已经正式退役。但是在使用 Python 的过程中，我们有时仍会遇到用 Python 2 编写的代码。

除了简化版 Python，Anaconda 还提供了一些附加功能，包括我们将在本书中使用的一些流行软件包。此外，它还附带了一个在使用 Python 时可用的 Web 应用程序：Jupyter Notebook。

10.2 Jupyter Notebook入门

如第 6 章所述，R 语言受 S 语言启发，用于探索性数据分析。由于探索性数据分析的迭代性质，R 的预期工作流程是执行和探索选定代码行的输出。这使得直接在 R 脚本中进行数据分析变得很容易。我们使用 RStudio IDE 为编程会话提供额外的支持，比如用于查找帮助文档和对象信息的专用窗格。

相比之下，Python 在某些方面表现得更像底层语言。Python 代码需要首先被编译成机器可读的文件，然后再运行。这使得从 Python 脚本（文件扩展名为 .py）执行零碎的数据分析相对困难。注意到在统计分析和其他科学计算任务中使用 Python 的这一痛点之后，物理学家和软件开发人员 Fernando Pérez 在 2001 年与同事一起启动了 IPython 项目，并为 Python 开发了一个交互性更强的解释器（IPython 表示 interactive Python，即交互式 Python）。该项目催生了一种新的文件类型，即 IPython Notebook，其文件扩展名为 .ipynb。

IPython 项目获得了广泛的关注，并于 2014 年被纳入 Jupyter 项目。这是一个跨语言项目，旨在开发交互式开源计算软件。就这样，IPython Notebook 变成了 Jupyter Notebook，同时保留了文件扩展名 .ipynb。Jupyter Notebook 作为交互式 Web 应用程序运行时，允许用户将代码与文本、表达式等结合起来，以创建含丰富媒体形式的交互式文档。事实上，Jupyter 这个名字在一定程度上是为了纪念伽利略用来记录木星卫星发现过程的笔记本。Jupyter Notebook 在后台使用**内核**（kernel）运行 Notebook 代码。下载 Anaconda 后，我们已经完成通过 Jupyter Notebook 使用 Python 的所有必要步骤。现在，我们只需启动会话即可运行 Python。

RStudio、Jupyter Notebook 和其他工具

离开 RStudio 来学习使用另一个工具可能并不会让你开心。但请记住，在开源框架中，代码和应用程序通常是分离的。我们可以轻易地混合使用这些语言和平台。R 是众多具有 Jupyter 内核的语言之一。除了纪念伽利略，Jupyter 这个名字也体现了它支持的 3 种核心语言：Julia、Python 和 R。

相反，在 R 包 reticulate 的帮助下，我们可以在 RStudio 中执行 Python 脚本。这意味着我们可以通过 Python 导入和操作数据，然后用 R 对结果进行可视化。其他流行工具包括 PyCharm 和 Visual Studio Code。RStudio 还拥有自己的 Notebook 应用程序。与 Jupyter Notebook 的设计理念一致，它也支持多种语言，包括 R 和 Python。

如你所见，同时支持 R 和 Python 的编程工具有很多，本书无法一一介绍。我们将重点放在 RStudio 的 R 脚本和 Jupyter Notebook 的 Python 脚本上，因为它们相对来说更适合初学者，也更常用。熟练掌握这两个工具之后，我们就可以上网搜索这里提到的其他工具。随着学习的深入，我们将学到更多使用这些语言的方法。

在 Windows 和 macOS 中启动 Jupyter Notebook 的步骤有所不同。在 Windows 中，打开"开始"菜单，然后搜索并启动 Anaconda Prompt。这是一个用于 Anaconda 发行版的命令行工具，也是与 Python 代码交互的另一种方式。对于熟悉 Excel 的读者而言，要进一步了解如何从命令行运行 Python，请参阅 Felix Zumstein 所著的《Excel+Python：飞速搞定数据分析与处理》。启动 Anaconda Prompt 后，在光标处输入 jupyter notebook 并按回车键。命令如下所示，但你的根目录路径可能不同：

```
(base) C:\Users\User> jupyter notebook
```

在 macOS 中，打开启动台，然后搜索并启动终端。这是 macOS 附带的命令行界面，可用于与 Python 交互。启动终端后，在光标处输入 jupyter notebook，然后按回车键。命令如下所示，但你的根目录路径可能不同：

```
user@MacBook-Pro ~ % jupyter notebook
```

执行上述操作后，会发生两件事。首先，计算机会启动一个类似于终端的窗口。**不要关闭此窗口**。这是计算机在与内核建立连接。其次，Jupyter Notebook 的界面应在默认的 Web 浏览器中自动打开。如果没有，那么我们可以通过点击类似于终端的窗口中的链接来手动打开界面。图 10-1 显示了我们应当在浏览器中看到的内容。Jupyter Notebook 提供类似于文件浏览器的界面。现在可以选择保存 Notebook 的文件夹。

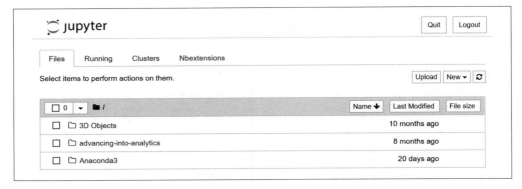

图 10-1：Jupyter Notebook 的引导页

要打开新 Notebook，请从浏览器窗口的右上角依次选择"New → Notebook → Python 3"。Jupyter Notebook 将在新标签页中打开一个空白的 Notebook。与 RStudio 一样，Jupyter Notebook 提供了丰富的功能，本书无法一一介绍。我们将关注入门 Jupyter Notebook 所需了解的关键功能。Jupyter Notebook 界面的 4 个主要组件如图 10-2 所示，以下逐一介绍。

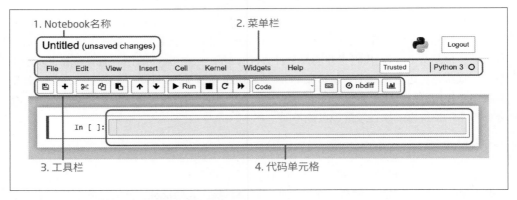

图 10-2：Jupyter Notebook 界面的主要组件

Notebook 名称是 .ipynb 文件的名称。我们可以通过单击并写入新名称来重命名 Notebook。

菜单栏显示我们能对 Notebook 执行的不同操作。比如，我们可以在"File"下打开和关闭 Notebook。保存不是大问题，因为 Jupyter Notebook 每两分钟自动保存一次。如果需要将 Notebook 转换为 Python 脚本或其他常见文件类型，那么请在菜单栏中依次选择"File → Download as"。"Help"包含一些指南和参考文档的链接，我们可以从中了解到 Jupyter Notebook 的快捷键。

我们之前提到了 Jupyter Notebook 是如何通过内核在后台与 Python 交互的。菜单栏中的"Kernel"选项包含有用的操作。计算机就是这样，有时要让 Python 代码正常工作，我们所需做的只是重启内核。为此，请依次选择"Kernel → Restart"。

菜单栏的正下方是工具栏，其中包含在使用 Notebook 时有用的图标，比如几个与内核有关的图标。从这里选择图标比从菜单栏中选择更方便。

我们还可以在 Notebook 中插入和重新定位代码单元格。在使用 Jupyter Notebook 时，我们大部分时间会操作代码单元格。

现在，让我们尝试在代码单元格中键入"Hello, Jupyter!"。然后，从工具栏中选择"Run"图标。我们会看到"Hello, Jupyter!"的显示效果正如在 Word 文档中的那样，还会看到一个新的代码单元格出现在其下方，以便我们输入更多信息，如图 10-3 所示。

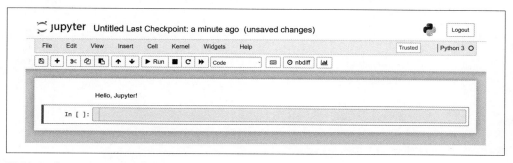

图 10-3："Hello, Jupyter!"

现在返回工具栏，从下拉菜单中选择"Markdown"。正如我们所见，Jupyter Notebook 由不同类型的模块化单元格组成。我们将重点讨论两种常见类型：Markdown 和 Code。Markdown 是一种纯文本标记语言，它使用常规字符来格式化文本。

将以下文本插入空白单元格：

```
# Big Header 1
## Smaller Header 2
### Even smaller headers
#### Still more

*Using one asterisk renders italics*

**Using two asterisks renders bold**

- Use dashes to...
- Make bullet lists

Refer to code without running it as `fixed-width text`
```

现在运行单元格。我们可以通过工具栏或快捷键（在 Windows 中使用 Alt+Enter，在 macOS 中使用 Option+Return）来执行此操作。结果如图 10-4 所示。

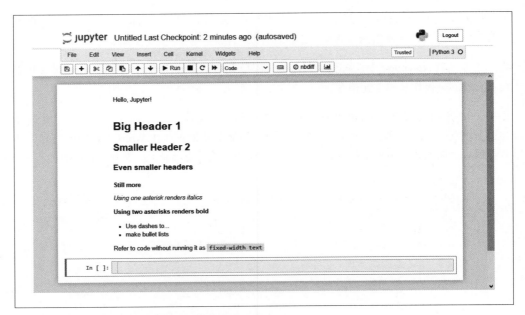

图 10-4：Jupyter Notebook 中的 Markdown 格式示例

要了解有关 Markdown 的更多信息，请单击菜单栏中的"Help"。要构建精美的 Notebook，使其包含图像、表达式等，不妨深入研究一番 Markdown。但在本书中，我们将重点关注代码单元格。现在我们应该在第 3 个代码单元格中。

与 Excel 和 R 一样，我们也可以将 Python 用作计算器。表 10-1 列出了 Python 中的一些常见的算术运算符。

表10-1：Python中常见的算术运算符

运算符	说　　明
+	加
-	减
*	乘
/	除
**	指数
%%	模
//	整除

输入以下算术表达式，然后运行代码单元格：

```
In [1]: 1 + 1
Out[1]: 2
```

```
In [2]: 2 * 4
Out[2]: 8
```

代码的输入和输出分别带有 In [编号] 和 Out [编号] 的标签。

Python 也讲究运算的优先级。让我们尝试在同一单元格中运行包含多个运算符的例子：

```
In [3]: # 先乘后加
        3 * 5 + 6
        2 / 2 - 7 # 先除后减
Out[3]: -6.0
```

Jupyter Notebook 默认只返回代码单元格中的最后一次代码运行输出，因此我们将把它分成两部分。可以使用快捷键 Ctrl+Shift+ 减号在光标处拆分代码单元格：

```
In [4]:  # 先乘后加
         3 * 5 + 6

Out[4]: 21
In [5]:  2 / 2 - 7 # 先除后减

Out[5]: -6.0
```

如你所见，Python 也使用代码注释。与 R 类似，Python 注释也以井号（#）开头，最好单独成行。

与 Excel 和 R 一样，Python 也提供了众多针对数值和字符的函数：

```
In [6]: abs(-100)

Out[6]: 100

In [7]: len('Hello, world!')

Out[7]: 13
```

但与 Excel 不同，Python 区分大小写。这一点与 R 一样。这意味着只有 abs() 会起作用，而 ABS() 和 Abs() 不会起作用。

```
In [8]:  ABS(-100)

        ---------------------------------------------------------------
        NameError                         Traceback (most recent call last)
        <ipython-input-20-a0f3f8a69d46> in <module>
        ----> 1 print(ABS(-100))
             2 print(Abs(-100))

        NameError: name 'ABS' is not defined
```

Python 与缩进

在 Python 中，空白具有特殊的含义：它可能是代码运行的必要条件。这是因为 Python 依赖适当的缩进来编译和执行代码块，或者将代码片段作为一个整体来运行。在本书中，我们不会遇到缩进问题。但是，当继续学习 Python 的其他特性时，比如编写函数或循环时，我们将看到缩进对于 Python 的重要性。

与在 R 中类似，我们可以使用问号运算符获取有关函数和包的信息。这样做将打开图 10-5 所示的窗口。然后，我们可以展开它或打开新窗口。

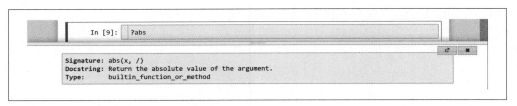

图 10-5：在 Jupyter Notebook 中打开文档

Python 中的比较运算符与 R 和 Excel 中的基本相同。在 Python 中，比较结果是 True 或 False：

```
In [10]: # 3比4大吗?
         3 > 4

Out[10]: False
```

与在 R 中一样，我们在 Python 中使用 == 判断两个值是否相等；= 则用于为对象赋值。我们将始终使用 = 在 Python 中为对象赋值：

```
In [11]:  # 在Python中为对象赋值
          my_first_object = abs(-100)
```

我们可以注意到，代码单元格 11 没有 Out [ ]。这是因为我们仅给对象赋了值，但没有输出任何内容。现在来输出：

```
In [12]: my_first_object

Out[12]: 100
```

Python 中的对象名必须以字母或下划线开头，名称的其余部分只能包含字母、数字或下划线。关键字不可用作对象名。Python 对象的命名规则比较宽松，但仅仅因为我们可以为对象命名 scooby_doo 并不意味着我们应该这样做。

Python 与 PEP 8

Python 软件基金会通过 Python 增强提案（Python Enhancement Proposals，PEP）来宣布该语言的变化或新特性。PEP 8 提供的风格指南已成为编写 Python 代码的通用标准。它包含命名对象、添加注释等方面的约定。请在 Python 软件基金会的网站上阅读完整的 PEP 8 风格指南。

就像在 R 中一样，Python 中的对象也可以有不同的数据类型。表 10-2 列出了一些常见的数据类型。你发现 Python 数据类型与 R 数据类型的相同点和不同点了吗？

表10-2：Python中的常见数据类型

数据类型	示　　例
字符串型	'Python', 'G. Mount', 'Hello, world!'
浮点型	6.2, 4.13, 3.1
整型	3, -1, 12
布尔型	True, False

让我们为一些对象赋值，并通过 type() 函数查看它们的数据类型：

```
In [13]:  my_string = 'Hello, world'
          type(my_string)

Out[13]:  str

In [14]:  # 双引号也可用于字符串
          my_other_string = "We're able to code Python!"
          type(my_other_string)

Out[14]:  str

In [15]:  my_float = 6.2
          type(my_float)

Out[15]:  float

In [16]:  my_integer = 3
          type(my_integer)

Out[16]:  int

In [17]:  my_bool = True
          type(my_bool)

Out[17]:  bool
```

对象可用于运算。我们已经在 R 中使用过对象，因此不会对此感到惊讶：

```
In [18]:   # my_float等于6.1吗？
           my_float == 6.1

Out[18]: False

In [19]:   # my_string中有多少个字符？
           len(my_string)

Out[19]: 12
```

在 Python 中，与函数密切相关的是**方法**。对象名之后的圆点后跟着方法名，该方法对对象执行某个操作。比如，要将字符串对象中的所有字母都转换为大写字母，可以使用 upper() 方法：

```
In [20]: my_string.upper()

Out[20]: 'HELLO, WORLD'
```

函数和方法都可用于对对象执行操作，我们将在本书中同时使用它们。正如我们可能希望的那样，Python 和 R 一样，可以在单个对象中存储多个值。但是在探讨这个过程之前，让我们先了解 Python 中的模块是如何工作的。

10.3　Python中的模块

Python 的设计初衷是成为通用程序设计语言。因此，即使是用于处理数据的简单函数也无法直接使用。举例来说，我们无法直接使用 sqrt() 函数来求某个数的平方根：

```
In [21]:  sqrt(25)

          ---------------------------------------------------------
          NameError                 Traceback (most recent call last)
          <ipython-input-18-1bf613b64533> in <module>
          ----> 1 sqrt(25)

          NameError: name 'sqrt' is not defined
```

Python 中确实有这个函数。但要使用它，我们需要引入一个**模块**，就像在 R 中导入 R 包一样。Python 标准库自带了一些模块。举例来说，math 模块包含许多数学函数，其中就有 sqrt() 函数。我们可以使用 import 语句将此模块加载到会话中：

```
In [22]:  import math
```

语句是指示编译器工作的指令。在上例中，我们指示 Python 导入（import）math 模块。这样一来，sqrt() 函数应该就可用了。让我们尝试一下：

```
In [23]:   sqrt(25)

-----------------------------------------------------------
NameError                         Traceback (most recent call last)
<ipython-input-18-1bf613b64533> in <module>
----> 1 sqrt(25)

NameError: name 'sqrt' is not defined
```

我们之所以仍然遇到错误，是因为我们没有明确告诉 Python 该函数来自哪个模块。要解决这个问题，我们在函数名前加上模块名，如下所示：

```
In [24]:   math.sqrt(25)

Out[24]: 5.0
```

Python 标准库提供了很多有用的模块。除此之外，还有数千个第三方模块，它们被捆绑成包并被提交给 Python 包索引（Python Package Index，PyPI）。pip 是标准的包管理系统，它可用于从 PyPI 及外部源安装 Python 包。

Anaconda 已经完成了大量的包安装工作。它预安装了一些流行的 Python 包，还提供了一些额外功能，确保所有 Python 包都兼容。因此，最好直接通过 Anaconda 安装 Python 包，而不是使用 pip 安装。Python 包的安装过程通常在命令行中完成，我们之前已在 Anaconda Prompt（Windows）或终端（macOS）中使用过命令行。不过，我们也可以通过在 Jupyter Notebook 中的代码行开头加一个感叹号来执行命令行代码。作为例子，让我们通过 Anaconda 安装流行的数据可视化包 plotly。要使用的语句是 conda install：

```
In [25]:   !conda install plotly
```

并非所有 Python 包都可以通过 Anaconda 安装。若不能通过 Anaconda 安装，则我们可以改用 pip。作为例子，我们使用 pip 安装 pyxlsb 包。该包可用于将二进制 Excel 文件（文件扩展名为 .xlsb）读入 Python 中：

```
In [26]:   !pip install pyxlsb
```

虽然直接在 Jupyter Notebook 中下载 Python 包很方便，但如果其他人试图运行我们的 Notebook 却遭遇冗长或不必要的下载过程，那么这可能会让人感到不快。这就是我在本书的代码中注释掉 install 命令的原因，也是你应该遵循的惯例。

 如果使用 Anaconda 来运行 Python，那么最好先通过 conda 安装所需的包，然后只有在包不可用时才通过 pip 安装。

10.4　升级Python、Anaconda和Python包

表 10-3 列出了一些有助于维护 Python 包的命令。我们可以使用 Anaconda Navigator（随 Anaconda 个人版一起安装）在界面中安装和维护 Anaconda 的软件包。请从"Help"菜单阅读帮助文档。

表10-3：用于维护Python包的有用命令

命　　令	说　　明
conda update anaconda	更新 Anaconda 发行版
conda update python	更新 Python
conda update -- all	更新通过 conda 下载的所有包
pip list -- outdated	列出通过 pip 下载的所有可更新的包

10.5　本章小结

在本章中，我们学习了如何使用 Python 处理对象和包，并掌握了 Jupyter Notebook 的使用窍门。

10.6　练习

请完成以下练习，以获得更多实践经验。

1. 在新的 Jupyter Notebook 中，执行以下操作：

   - 将 1 和 –4 的和赋给 a；
   - 将 a 的绝对值赋给 b；
   - 将 b 减 1 的值赋给 d；
   - 判断 d 是否大于 2。

2. Python 标准库提供了 random 模块，其中包含 randint() 函数。该函数类似于 Excel 函数 RANDBETWEEN()。比如，randint(1, 6) 将返回一个介于 1 和 6 之间的整数。使用此函数得到介于 0 和 36 之间的随机数。

3. Python 标准库还提供了一个名为 this 的模块。导入该模块时会发生什么情况？

4. 通过 Anaconda 下载 xlutils 包，然后使用问号运算符检索可用的文档。

我再次鼓励你在日常工作中尽快开始使用 Python，即使一开始只用它做一些简单的运算。我们还可以尝试在 R 和 Python 中执行相同的任务，然后对比结果。如果你通过参照 Excel 来学习 R，那么当然也可以参照 R 来学习 Python。

## 第11章

Python中的数据结构

在第 10 章中，我们学习了简单的 Python 数据类型，如字符串型、整型和布尔型。现在，我们学习如何用容器数据类型将多个值组合在一起。Python 默认包含多种容器数据类型，我们从列表开始学习。在列表的中括号内，我们用逗号分隔每一项：

```
In [1]: my_list = [4, 1, 5, 2]
        my_list

Out[1]: [4, 1, 5, 2]
```

对象 my_list 包含多个整数，但它本身不是整型，而是列表：

```
In [2]: type(my_list)

Out[2]: list
```

事实上，我们可以在一个列表中包含各种类型的数据，甚至包含其他列表。

```
In [3]: my_nested_list = [1, 2, 3, ['Boo!', True]]
        type(my_nested_list)

Out[3]: list
```

Python 中的其他容器数据类型

除了列表，Python 还内置了其他几种容器数据类型，其中最值得注意的是**字典**。此外，Python 标准库中的 collections 模块还提供了更多选择。不同的容器数据类型采用不同的值存储方式，索引和修改值的方式也不尽相同。

正如我们所见，列表在存储数据这一方面十分灵活。但现在，我们真正感兴趣的是使用与 Excel 数据区域或 R 向量类似的功能处理表格型数据。简单的列表符合要求吗？我们试着把 my_list 乘以 2：

```
In [4]:  my_list * 2

Out[4]:  [4, 1, 5, 2, 4, 1, 5, 2]
```

这可能不是我们想要的结果：Python 并没有将数值乘以 2，而是将列表的长度翻了一番。要得到想要的结果，我们有多种方法可用。比如，可以通过设置一个循环来将每个元素乘以 2。如果没有用过循环，那么也没有关系：更好的做法是导入一个模块，使在 Python 中进行计算更容易。为此，我们将使用 numpy。在安装 Anaconda 时，我们已经安装了 numpy。

11.1　numpy数组

```
In [5]:  import numpy
```

numpy 是用于数值计算的 Python 模块，也是 Python 作为热门分析工具的基础。请从 Jupyter Notebook 菜单栏的"Help"了解有关 numpy 的更多信息。我们接下来重点学习 numpy 数组。这是一种数据集合，其元素具有相同的类型。numpy 数组可存储 n 维数据，其中 n 为任意非负整数。我们将关注一维数组，并使用 array() 函数将列表转换为数组：

```
In [6]:  my_array = numpy.array([4, 1, 5, 2])
         my_array

Out[6]:  array([4, 1, 5, 2])
```

乍一看，numpy 数组很像列表。我们甚至基于列表创建了以上数组。然而，数组实际上完全不同于列表：

```
In [7]: type(my_list)

Out[7]: list

In [8]: type(my_array)

Out[8]: numpy.ndarray
```

具体来说，my_array 是 ndarray，即 n 维数组。因为它是与列表不同的数据结构，所以它的运算方法可能不同。当我们将 numpy 数组乘以 2 时会发生什么呢？

```
In [9]: my_list * 2

Out[9]: [4, 1, 5, 2, 4, 1, 5, 2]
```

```
In [10]: my_array * 2

Out[10]: array([8, 2, 10, 4])
```

以上结果应该能让我们联想到 Excel 数据区域或 R 向量。事实上，与 R 向量一样，numpy 数组会将其数据**强制转换**为同一个类型。

```
In [11]: my_coerced_array = numpy.array([1, 2, 3, 'Boo!'])
         my_coerced_array

Out[11]: array(['1', '2', '3', 'Boo!'], dtype='<U11')
```

---

numpy 和 pandas 中的数据类型

我们会注意到，numpy 和稍后介绍的 pandas 的数据类型与标准的 Python 数据类型略有不同。这些所谓 dtype 用于快速读取和写入数据，并与 C 或 Fortran 等底层语言配合使用。如果你不太了解 dtype，那么无须担心，请关注一般的数据类型，如浮点型、字符串型或布尔型。

正如我们所见，numpy 是在 Python 中处理数据的救星。我们需要经常使用它。所幸，我们可以使用**别名**（alias）来减轻输入负担。为此，我们将使用 as 关键字为 numpy 提供常规别名 np：

```
In [12]:  import numpy as np
```

这样做为模块提供了一个更易于管理的临时名称。在 Python 会话期间，每当想从 numpy 中调用代码时，我们都可以引用其别名。

```
In [13]: import numpy as np
         # numpy也提供了sqrt()函数
         np.sqrt(my_array)

Out[13]: array([2.        , 1.        , 2.23606798, 1.41421356])
```

 请记住，Python 会话中的别名是临时的。如果我们重新启动内核或打开新的 Notebook，那么别名将不再有效。

11.2　索引numpy数组和提取子集

让我们花些时间来探索如何从 numpy 数组中提取单个元素。为此，我们将元素的索引号直接放在对象名后面的中括号里：

```
In [14]: # 取第2个元素，看看是否正确
         my_array[2]
```

```
Out[14]: 5
```

我们刚刚从数组 my_array 中提取了第 2 个元素吗？让我们重温一下 my_array 的内容：

```
In [15]: my_array
```

```
Out[15]: array([4, 1, 5, 2])
```

如上所示，第 2 个元素是 1，而第 3 个元素才是 5。如何解释这种差异？这是因为，Python 的计数方式与我们通常所用的方式不同。

为了理解这个奇怪的计数方式，想象我们获得一个新数据集的过程。我们是如此兴奋，以至于下载了好几次。这种仓促行为导致我们留下了一系列文件，其名称如下：

- dataset.csv
- dataset(1).csv
- dataset(2).csv
- dataset(3).csv

人类习惯从 1 开始数数。但是计算机通常从 0 开始计数。文件下载就是一个例子：第 2 个文件被命名为 dataset(1)，而非 dataset(2)。这种计数方式被称为**基于 0 的索引**，它在 Python 中十分常见。

基于 0 的索引和基于 1 的索引

计算机通常从 0 开始计数，但并非一直如此。事实上，Excel 和 R 都采用基于 1 的索引，即第 1 个元素的索引号就是 1。究竟哪种方式更好，答案可谓见仁见智。不过，我们应该能自如地采用这两种方式工作。

这就是说，在 Python 中，索引号 1 对应的是第 2 个元素，索引号 2 对应的是第 3 个元素，以此类推：

```
In [16]: # 现在，让我们取第2个元素
         my_array[1]
```

```
Out[16]: 1
```

我们还可以提取连续位置上的子集，这在 Python 中被称为**切片**。再次以 my_array 为例，我们试着提取第 2 ~ 4 个元素。既然我们已经知道 Python 是从 0 开始计数的，那么找出第 2 ~ 4 个元素应该也不难吧？

```
In [17]: # 取第2～4个元素，看看是否正确
         my_array[1:3]

Out[17]: array([1, 5])
```

显然还有问题。除了基于 0 的索引，还要注意，切片不包括结束位置上的元素。这意味着我们需要将第 2 个数字加 1 才能获得预期的范围：

```
In [18]: # 现在，让我们取第2～4个元素
         my_array[1:4]

Out[18]: array([1, 5, 2])
```

在 Python 中，我们可以用切片做更多的事情，比如从对象的末尾开始，或者从开始位置到给定位置选择所有元素。请谨记，**Python 采用基于 0 的索引**。

二维 numpy 数组可以用作 Python 表格型数据结构，但是其中的所有元素必须具有相同的数据类型。不过，这种情况实际上很少见。为了满足这一需求，我们将转而采用 pandas。

11.3　pandas数据框

pandas 得名于计量经济学中的 panel data（面板数据），它特别适合处理和分析表格型数据。和 numpy 一样，Anaconda 也默认安装了它。pandas 的典型别名是 pd：

```
In [19]: import pandas as pd
```

pandas 模块在它的代码库中利用了 numpy，我们将看到两者之间的一些相似之处。pandas 包括一个被称为 Series 的一维数据结构，但它最常用的数据结构是二维**数据框**。（这个词听起来是不是很熟悉？）我们可以使用 DataFrame() 函数从其他数据类型（包括 numpy 数组）创建数据框：

```
In [20]: record_1 = np.array(['Jack', 72, False])
         record_2 = np.array(['Jill', 65, True])
         record_3 = np.array(['Billy', 68, False])
         record_4 = np.array(['Susie', 69, False])
         record_5 = np.array(['Johnny', 66, False])
         roster = pd.DataFrame(data = [record_1,
             record_2, record_3, record_4, record_5],
               columns = ['name', 'height', 'injury'])

         roster

Out[20]:
           name height injury
         0    Jack     72  False
         1    Jill     65   True
         2   Billy     68  False
         3   Susie     69  False
         4  Johnny     66  False
```

数据框中的每一列通常都包含**标签**。此外，还有表示行数的**索引列**，默认从 0 开始计数（正如我们所料）。以上是一个非常小的数据集。让我们看看别的数据集。遗憾的是，Python 不包含任何现成的数据框，但我们可以在 seaborn 包中找到一些。Anaconda 也默认安装了 seaborn。它的典型别名是 sns。get_dataset_names() 函数将返回可使用的数据框列表：

```
In [21]: import seaborn as sns
         sns.get_dataset_names()

Out[21]:
         ['anagrams', 'anscombe', 'attention', 'brain_networks', 'car_crashes',
          'diamonds', 'dots', 'exercise', 'flights', 'fmri', 'gammas',
          'geyser', 'iris', 'mpg', 'penguins', 'planets', 'tips', 'titanic']
```

iris 听起来熟悉吗？我们可以使用 load_dataset() 函数将 iris 加载到 Python 会话中，并使用 head() 方法打印前 5 行。

```
In [22]: iris = sns.load_dataset('iris')
         iris.head()
Out[22]:
            sepal_length  sepal_width  petal_length  petal_width species
         0          5.1          3.5           1.4          0.2  setosa
         1          4.9          3.0           1.4          0.2  setosa
         2          4.7          3.2           1.3          0.2  setosa
         3          4.6          3.1           1.5          0.2  setosa
         4          5.0          3.6           1.4          0.2  setosa
```

11.4　在Python中导入数据

与在 R 中一样，我们往往从外部文件中读入数据。为此，我们需要处理目录。Python 标准库提供了用于处理文件路径和目录的 os 模块：

```
In [23]: import os
```

请将 Notebook 保存在本书配套资源的根目录下。默认情况下，Python 将工作目录设置为当前文件所在的位置，因此我们不必像在 R 中那样操心如何更改目录。不过，我们仍然可以分别使用 os 模块中的函数 getcwd() 和 chdir() 来查看和更改目录。

至于文件的相对路径和绝对路径，Python 遵循与 R 相同的一般规则。让我们看看能否使用 isfile() 函数在随书文件包中找到 test-file.csv。该函数由 os 模块中的 path 子模块提供：

```
In [24]: os.path.isfile('test-file.csv')

Out[24]: True
```

接下来，我们尝试定位 test-folder 子文件夹中的文件：

```
In [25]: os.path.isfile('test-folder/test-file.csv')

Out[25]: True
```

将此文件的副本从当前位置复制到上一级文件夹中。可用以下代码找到它：

```
In [26]:  os.path.isfile('../test-file.csv')

Out[26]: True
```

pandas 提供了从 .xlsx 文件和 .csv 文件中读取数据的函数。为了演示，我们将读取随书文件包中的文件 star.xlsx 和 districts.csv。用于读取 Excel 工作簿的函数是 read_excel()：

```
In [27]: star = pd.read_excel('datasets/star/star.xlsx')
         star.head()

Out[27]:
    tmathssk  treadssk          classk  totexpk   sex freelunk
0        473       447     small.class        7  girl       no
1        536       450     small.class       21  girl       no
2        463       439  regular.with.aide     0   boy      yes
3        559       448         regular       16   boy       no
4        489       447     small.class        5   boy      yes

    schidkn
0        63
1        20
2        19
3        69
4        79
```

同理，我们可以在 pandas 中使用 read_csv() 函数读取 .csv 文件：

```
In [28]: districts = pd.read_csv('datasets/star/districts.csv')
         districts.head()

Out[28]:
    schidkn       school_name          county
0         1           Rosalia     New Liberty
1         2   Montgomeryville          Topton
2         3              Davy        Wahpeton
3         4          Steelton       Palestine
4         6        Tolchester         Sattley
```

如果想读取其他类型的 Excel 文件或读取特定的数据区域和工作表，请查看 pandas 文档。

11.5　探索pandas数据框

我们继续探索 star 数据框。info() 方法将告诉我们关于该数据框的一些重要信息，比如它的维度和列的类型：

```
In [29]: star.info()

        <class 'pandas.core.frame.DataFrame'>
        RangeIndex: 5748 entries, 0 to 5747
        Data columns (total 7 columns):
         #   Column    Non-Null Count  Dtype
        ---  ------    --------------  -----
         0   tmathssk  5748 non-null   int64
         1   treadssk  5748 non-null   int64
         2   classk    5748 non-null   object
         3   totexpk   5748 non-null   int64
         4   sex       5748 non-null   object
         5   freelunk  5748 non-null   object
         6   schidkn   5748 non-null   int64
        dtypes: int64(4), object(3)
        memory usage: 359.4+ KB
```

可以使用 describe() 方法获取描述性统计信息：

```
In [30]: star.describe()

Out[30]:
               tmathssk      treadssk       totexpk       schidkn
        count  5748.000000   5748.000000   5748.000000   5748.000000
        mean    485.648051    436.742345      9.307411     39.836639
        std      47.771531     31.772857      5.767700     22.957552
        min     320.000000    315.000000      0.000000      1.000000
        25%     454.000000    414.000000      5.000000     20.000000
        50%     484.000000    433.000000      9.000000     39.000000
        75%     513.000000    453.000000     13.000000     60.000000
        max     626.000000    627.000000     27.000000     80.000000
```

在默认情况下，pandas 仅显示数值变量的描述性统计信息。要显示所有变量的描述性统计信息，我们可以使用 include = 'all'：

```
In [31]: star.describe(include = 'all')

Out[31]:
               tmathssk      treadssk              classk       totexpk   sex  \
count   5748.000000   5748.000000                   5748   5748.000000  5748
unique         NaN           NaN                      3           NaN     2
top            NaN           NaN      regular.with.aide           NaN   boy
freq           NaN           NaN                   2015           NaN  2954
mean     485.648051    436.742345                    NaN      9.307411   NaN
std       47.771531     31.772857                    NaN      5.767700   NaN
min      320.000000    315.000000                    NaN      0.000000   NaN
25%      454.000000    414.000000                    NaN      5.000000   NaN
50%      484.000000    433.000000                    NaN      9.000000   NaN
75%      513.000000    453.000000                    NaN     13.000000   NaN
max      626.000000    627.000000                    NaN     27.000000   NaN

        freelunk       schidkn
count       5748   5748.000000
unique         2           NaN
```

```
top        no          NaN
freq     2973          NaN
mean      NaN     39.836639
std       NaN     22.957552
min       NaN      1.000000
25%       NaN     20.000000
50%       NaN     39.000000
75%       NaN     60.000000
max       NaN     80.000000
```

在 pandas 中，NaN 是一个特殊值，用于表示缺失或不可用的数据，比如分类变量的标准差。

11.5.1　索引pandas数据框和提取子集

让我们回到 roster 数据框，通过行和列的位置来访问各个元素。为了对数据框进行索引，我们可以使用 iloc 方法。iloc 表示 integer location，即整数位置。中括号表示法看起来很熟悉，但这次我们需要同时按行和列进行索引（同样，都是从 0 开始计数）。我们在之前创建的 roster 数据框上进行演示：

```
In [32]:  # 数据框的第1行第1列
          roster.iloc[0, 0]

Out[32]: 'Jack'
```

我们也可以使用切片来获取多行和多列：

```
In [33]: # 第2~4行，第1~3列
         roster.iloc[1:4, 0:3]

Out[33]:
     name height injury
  1  Jill     65   True
  2  Billy    68  False
  3  Susie    69  False
```

要按名称索引整列，我们可以使用 loc 方法。首先在第 1 个索引位置保留一个空白切片以捕获所有行，然后指定感兴趣的列。

```
In [34]:  # 选择name列中的所有行
          roster.loc[:, 'name']

Out[34]:
        0      Jack
        1      Jill
        2      Billy
        3      Susie
        4      Johnny
        Name: name, dtype: object
```

11.5.2　把pandas数据框写入文件

pandas 还提供了 to_csv() 和 to_excel() 这两个方法，分别用于将数据框写入 .csv 文件和 .xlsx 文件。

```
In [35]: roster.to_csv('output/roster-output-python.csv')
         roster.to_excel('output/roster-output-python.xlsx')
```

11.6　本章小结

在很短的时间内，我们就从只包含单个元素的对象学到了列表、numpy 数组和 pandas 数据框。我希望你能够看到这些数据结构之间的演变和联系，同时充分利用 Python 包带来的额外好处。后续章节将在很大程度上依赖 pandas，但我们已经看到，pandas 本身依赖 numpy 和 Python 的基本规则，比如基于 0 的索引。

11.7　练习

在本章中，我们学习了如何在 Python 中使用不同的数据结构和容器数据类型。以下练习帮助你巩固相关知识。

1. 对以下数组进行切片操作，以剩下第 3 ~ 5 个元素。

   ```
   practice_array = ['I', 'am', 'having', 'fun', 'with', 'Python']
   ```

2. 从 seaborn 包中加载 tips 数据框并执行以下操作：

   - 打印有关此数据框的一些信息，比如观测值的数量和每列的类型；
   - 打印此数据框的描述性统计信息。

3. 随书文件包中的 datasets 文件夹包含 ais 子文件夹，其中包含 ais.xlsx 文件。将该文件作为数据框读入 Python 并执行以下操作：

   - 打印此数据框的前几行；
   - 仅将此数据框的 sport 列写回 Excel，并将文件命名为 sport.xlsx。

第12章
使用Python进行数据处理与可视化

在第 8 章中，我们学习了如何利用 R 包 tidyverse 对数据进行处理和可视化。在本章中，我们将用 Python 操作同一个数据集。具体地说，我们将分别使用 pandas 和 seaborn 来处理和可视化数据。本章并不能全面展示如何使用这些工具，但足以引导我们自己进行探索。

我们将尽可能按照第 8 章中的步骤执行相似的操作。由于这种相似性，我们将不太关注处理和可视化数据的原因，而更多地关注如何在 Python 中进行操作。让我们从加载所需的模块开始，如下所示。第 3 个模块 matplotlib 对我们来说是新模块，我们将用它来补充在 seaborn 中的工作。Anaconda 已默认安装了 matplotlib。具体地说，我们将使用 pyplot 子模块，其别名为 plt。

```
In [1]:  import pandas as pd
         import seaborn as sns
         import matplotlib.pyplot as plt

         star = pd.read_excel('datasets/star/star.xlsx')
         star.head()

Out[1]:
   tmathssk  treadssk             classk  totexpk   sex freelunk  schidkn
0       473       447        small.class        7  girl       no       63
1       536       450        small.class       21  girl       no       20
2       463       439  regular.with.aide        0   boy      yes       19
3       559       448            regular       16   boy       no       69
4       489       447        small.class        5   boy      yes       79
```

12.1 按列操作

我们在第 11 章中了解到，pandas 会尝试将一维数据结构转换为 Series。这一点看似微不足道，但在选择列时非常重要。我们来看一个例子。假设我们只想保留数据框中的 tmathssk 列。为此，我们可以使用熟悉的单括号表示法，但从技术上讲，这样做会生成 Series，而不是数据框：

```
In [2]:  math_scores = star['tmathssk']
         type(math_scores)

Out[2]: pandas.core.series.Series
```

如果我们不确定要将 math_scores 保持为一维数据结构，那么最好将其转换为数据框。为此，我们可以使用两组中括号：

```
In [3]: math_scores = star[['tmathssk']]
        type(math_scores)

Out[3]: pandas.core.frame.DataFrame
```

按照此模式，我们只保留所需的列。要确认所保留的列，请使用 columns 属性。

```
In [4]:  star = star[['tmathssk','treadssk','classk','totexpk','schidkn']]
         star.columns

Out[4]: Index(['tmathssk', 'treadssk', 'classk',
               'totexpk', 'schidkn'], dtype='object')
```

Python 中的面向对象编程

我们已经初步了解了 Python 中的方法和函数，这些是对象可以执行的操作。属性则表示对象本身的某个**状态**。我们将属性名放在对象名后面，以圆点相隔。与方法不同，属性不需要使用括号。属性、函数和方法都是**面向对象编程**（object-oriented programming，OOP）的元素。面向对象编程是一种范式，旨在构造简单且可复用的代码。要详细了解 Python 中的面向对象编程，请参阅 Alex Martelli 等人所著的《Python 技术手册（第 3 版)》。

要删除特定的列，请使用 drop() 方法。其实，该方法可用于删除列或行。因此，我们需要使用 axis 参数指定要删除列还是删除行。在 pandas 中，行由 axis = 0 表示，列则由 axis = 1 表示，如图 12-1 所示。

	tmathssk	treadssk	classk	totexpk	sex	freelunk	schidkn
	320	315	regular	3	boy	yes	56
	365	346	regular	0	girl	yes	27
	384	358	regular	20	boy	yes	64
	384	358	regular	3	boy	yes	32
	320	360	regular	6	girl	yes	33
	423	376	regular	13	boy	no	75
	418	378	regular	13	boy	yes	60
	392	378	regular	13	boy	yes	56
	392	378	regular	3	boy	yes	53
	399	380	regular	6	boy	yes	33
	439	380	regular	12	boy	yes	45
	392	380	regular	3	girl	yes	32
	434	380	regular	3	girl	no	56
	468	380	regular	1	boy	yes	22
	405	380	regular	6	girl	yes	33
	399	380	regular	3	boy	yes	32

图 12-1：pandas 数据框的轴

以下是删除 schidkn 列的方法：

```
In [5]: star = star.drop('schidkn', axis=1)
        star.columns

Out[5]: Index(['tmathssk', 'treadssk',
        'classk', 'totexpk'], dtype='object')
```

现在让我们看看如何为数据框生成新列。这一次，我们希望结果是 Series，因为 pandas 数据框的每一列实际上就是一个 Series（就像 R 数据框的每一列实际上是一个向量）。在这里，我们计算数学成绩和阅读成绩的综合分数，并暂时将新列命名为 new_column：

```
In [6]: star['new_column'] = star['tmathssk'] + star['treadssk']
        star.head()

Out[6]:
   tmathssk  treadssk            classk  totexpk  new_column
0       473       447        small.class        7         920
1       536       450        small.class       21         986
2       463       439  regular.with.aide        0         902
3       559       448            regular       16        1007
4       489       447        small.class        5         936
```

不过，new_column 不是一个描述性强的变量名。让我们用 rename() 函数解决该问题。我们将使用 columns 参数，不过需要注意格式：

```
In [7]: star = star.rename(columns = {'new_column':'ttl_score'})
        star.columns

Out[7]: Index(['tmathssk', 'treadssk', 'classk', 'totexpk', 'ttl_score'],
        dtype='object')
```

以上示例所用的大括号表示的是 Python 字典。字典是键 – 值对的集合，其中每个元素的键
和值用冒号分隔。字典是 Python 的核心数据结构，我们在学习该语言时需对其特别关注。

12.2 按行操作

现在让我们按行操作，先从排序开始。在 pandas 中，排序可以通过 sort_values() 方法完
成。我们将待排序的列传给 by 参数：

```
In [8]: star.sort_values(by=['classk', 'tmathssk']).head()

Out[8]:
      tmathssk  treadssk  classk   totexpk  ttl_score
309        320       360  regular        6        680
1470       320       315  regular        3        635
2326       339       388  regular        6        727
2820       354       398  regular        6        752
4925       354       391  regular        8        745
```

在默认情况下，所有列都按升序排列。要修改默认设置，我们需要用到另一个参数，
即 ascending，以及 True/False 标志。让我们按照班级类型（classk）升序和数学成绩
（tmathssk）降序对 star 数据集进行排序。因为我们没有将排序结果写回 star 数据集，所以
数据集中的顺序不会改变：

```
In [9]: # 按班级类型升序、数学成绩降序排列
        star.sort_values(by=['classk', 'tmathssk'],
        ascending=[True, False]).head()

Out[9]:
      tmathssk  treadssk  classk   totexpk  ttl_score
724        626       474  regular       15       1100
1466       626       554  regular       11       1180
1634       626       580  regular       15       1206
2476       626       538  regular       20       1164
2495       626       522  regular        7       1148
```

为了筛选数据框，我们将首先使用条件逻辑创建一个值为 True 或 False 的 Series，表示每
行是否符合某个条件。然后，我们将只保留值为 True 的行。比如，我们只保留 classk 等
于 small.class 的记录：

```
In [10]: small_class = star['classk'] == 'small.class'
         small_class.head()
```

```
Out[10]:
      0    True
      1    True
      2    False
      3    False
      4    True
      Name: classk, dtype: bool
```

使用中括号按 Series 进行筛选。可以使用 shape 属性确认新数据框的行数和列数：

```
In [11]: star_filtered = star[small_class]
         star_filtered.shape

Out[11]: (1733, 5)
```

star_filtered 比 star 数据集包含更少的行，但它们的列数相同：

```
In [12]: star.shape

Out[12]: (5748, 5)
```

我们再看一个例子。这一次，我们将找到 treadssk 大于或等于 500 的记录：

```
In [13]: star_filtered = star[star['treadssk'] >= 500]
         star_filtered.shape

Out[13]: (233, 5)
```

我们还可以使用 and/or 语句按多个条件进行筛选。就像在 R 中一样，& 和 | 在 Python 中
分别表示 and 和 or。我们将前述两个条件都放在括号中，并用 & 相连。结果如下所示。

```
In [14]: # 找出小班中阅读成绩大于或等于500的所有记录
         star_filtered = star[(star['treadssk'] >= 500) &
                 (star['classk'] == 'small.class')]
         star_filtered.shape

Out[14]: (84, 5)
```

12.3 聚合和连接数据

要在数据框中对观测值进行分组，我们将使用 groupby() 方法。如果输出 star_grouped，
我们将看到它是一个 DataFrameGroupBy 对象：

```
In [15]: star_grouped = star.groupby('classk')
         star_grouped

Out[15]: <pandas.core.groupby.generic.DataFrameGroupBy
         object at 0x000001EFD8DFF388>
```

现在，可以选择其他字段来聚合此分组数据框。表 12-1 列出了一些常用的聚合方法。

表12-1：pandas中的常用聚合方法

方　　法	功　　能
sum()	求和
count()	计数
mean()	求均值
max()	求最大值
min()	求最小值
std()	求标准差

下面计算每个班级类型的平均数学成绩：

```
In [16]: star_grouped[['tmathssk']].mean()

Out[16]:
                       tmathssk
    classk
    regular            483.261000
    regular.with.aide  483.009926
    small.class        491.470283
```

接下来，我们将计算教师教龄对应的最高总分。使用 head() 方法来获取前几行数据。如下所示，这种将多个方法添加到同一命令中的做法被称为**方法链接**（method chaining）：

```
In [17]: star.groupby('totexpk')[['ttl_score']].max().head()

Out[17]:
             ttl_score
    totexpk
    0        1171
    1        1133
    2        1091
    3        1203
    4        1229
```

第 8 章回顾了 Excel 的 VLOOKUP() 函数与左外连接之间的异同。我们重新读取 star 数据集和 districts 数据集，并使用 pandas 来连接它们。为此，我们使用 merge() 方法将数据从 districts 连接到 star。通过将 how 参数设置为 left，我们指定采用左外连接，它也是与 VLOOKUP() 最相似的连接类型：

```
In [18]: star = pd.read_excel('datasets/star/star.xlsx')
         districts = pd.read_csv('datasets/star/districts.csv')
         star.merge(districts, how='left').head()

Out[18]:
    tmathssk  treadssk           classk  totexpk   sex freelunk  schidkn
0        473       447       small.class        7  girl       no       63
1        536       450       small.class       21  girl       no       20
2        463       439  regular.with.aide        0   boy      yes       19
```

```
3        559        448         regular      16    boy       no       69
4        489        447         small.class   5    boy      yes       79

          school_name        county
0          Ridgeville    New Liberty
1        South Heights       Selmont
2           Bunnlevel       Sattley
3              Hokah      Gallipolis
4       Lake Mathews   Sugar Mountain
```

与 R 一样，Python 在连接数据方面非常直观：它知道应按 schidkn 合并，并引入了 school_name 和 county。

12.4   重塑数据

我们使用 pandas 来加宽和加长数据集。使用 melt() 函数将 tmathssk 和 treadssk 组合成一列。为此，我们使用 frame 参数指定要操作的数据框，使用 id_vars 指定作为唯一标识符的变量，并使用 value_vars 指定要组合的列。此外，我们还分别使用 value_name 和 var_name 指定值和变量的名称：

```
In [19]: star_pivot = pd.melt(frame = star, id_vars = 'schidkn',
             value_vars = ['tmathssk', 'treadssk'], value_name = 'score',
             var_name = 'test_type')
         star_pivot.head()

Out[19]:
           schidkn  test_type    score
        0       63   tmathssk      473
        1       20   tmathssk      536
        2       19   tmathssk      463
        3       69   tmathssk      559
        4       79   tmathssk      489
```

将 tmathssk 和 treadssk 分别重命名为 math 和 reading 如何？为此，我们将使用 Python 字典设置一个名为 mapping 的对象，该对象类似于用来重新编码值的查找表。我们将它传递给 map() 方法，该方法将重新编码 test_type。此外，我们还将使用 unique() 方法确认在 test_type 中只有 math 和 reading：

```
In [20]: # 重命名test_type中的记录
         mapping = {'tmathssk':'math','treadssk':'reading'}
         star_pivot['test_type'] = star_pivot['test_type'].map(mapping)

         # 寻找test_type中的独特值
         star_pivot['test_type'].unique()

Out[20]: array(['math', 'reading'], dtype=object)
```

要将 star_pivot 扩展回单独的 math 列和 reading 列，我们将使用 pivot_table() 方法。首

先使用 index 参数指定要索引的变量，然后分别使用 columns 和 values 这两个参数指定包含标签和值的变量。

我们可以在 pandas 中设置唯一的索引列。默认情况下，pivot_table() 方法将设置 index 参数指定的任何变量。要修改默认设置，请使用 reset_index() 方法。要进一步了解 pandas 中的自定义索引方法，以及本书无法在此一一介绍的其他数据操作和分析技术，请参阅 Wes McKinney 所著的《利用 Python 进行数据分析（原书第 2 版）》。

```
In [21]: star_pivot.pivot_table(index='schidkn',
            columns='test_type', values='score').reset_index()

Out[21]:
    test_type    schidkn          math      reading
    0                  1    492.272727   443.848485
    1                  2    450.576923   407.153846
    2                  3    491.452632   441.000000
    3                  4    467.689655   421.620690
    4                  5    460.084746   427.593220
    ..               ...           ...          ...
    74                75    504.329268   440.036585
    75                76    490.260417   431.666667
    76                78    468.457627   417.983051
    77                79    490.500000   434.451613
    78                80    490.037037   442.537037

    [79 rows x 3 columns]
```

12.5　可视化数据

现在让我们大致了解如何用 Python 可视化数据，特别是如何使用 seaborn 包。seaborn 在统计分析和处理 pandas 数据框方面尤其出色，因此它是一个很好的选择。正如 pandas 基于 numpy 一样，seaborn 也利用了另一个流行 Python 绘图包 matplotlib 的功能。

seaborn 包含许多用于构建不同绘图类型的函数。我们将修改这些函数的参数，以指定要绘制的数据集、沿 x 轴和 y 轴的变量、使用的颜色等。让我们从可视化 classk 中每个级别的观测值数量开始，这可以通过 countplot() 函数实现。

我们用 data 参数来指定 star 数据集。为了沿 x 轴放置 classk 的级别，我们将使用 x 参数。绘制结果如图 12-2 所示。

```
In [22]: sns.countplot(x='classk', data=star)
```

现在，我们使用 displot() 函数来绘制关于 treadssk 的直方图。同样，我们将指定 x 轴的变量和要用的数据集。图 12-3 显示了绘制结果。

```
In [23]: sns.displot(x='treadssk', data=star)
```

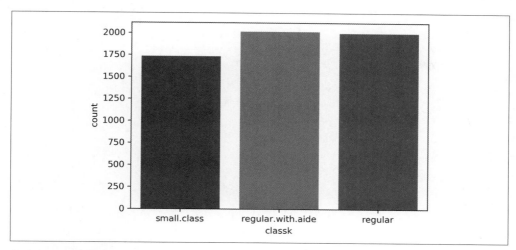

图 12-2：计数图示例

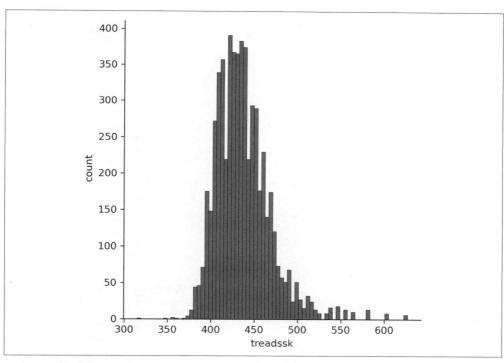

图 12-3：直方图示例

seaborn 中的函数包含许多可选参数，用于自定义图的外观。作为例子，让我们将直方图的矩形数更改为 25，并将颜色更改为粉红色。绘制结果如图 12-4 所示。

```
In [24]: sns.displot(x='treadssk', data=star, bins=25, color='pink')
```

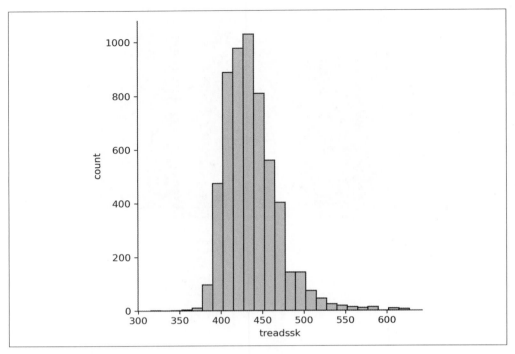

图 12-4：自定义直方图

如图 12-5 所示，使用 boxplot() 函数绘制箱线图。

```
In [25]: sns.boxplot(x='treadssk', data=star)
```

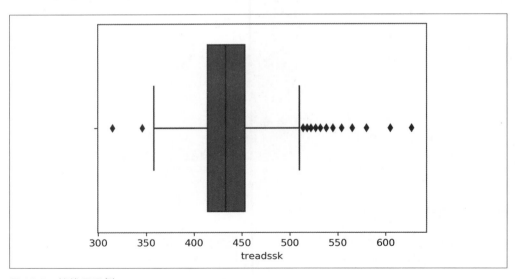

图 12-5：箱线图示例

在上述任何一种情况下，我们都可以通过将 x 参数改为 y 参数来"翻转"图。图 12-6 展示了"翻转"后的箱线图。

```
In [26]: sns.boxplot(y='treadssk', data=star)
```

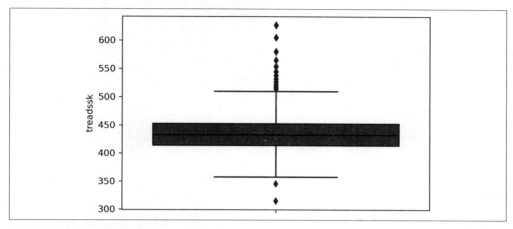

图 12-6："翻转"后的箱线图

要为 classk 的每个级别都绘制箱线图，我们用 x 参数指定 classk。绘制结果如图 12-7 所示。

```
In [27]: sns.boxplot(x='classk', y='treadssk', data=star)
```

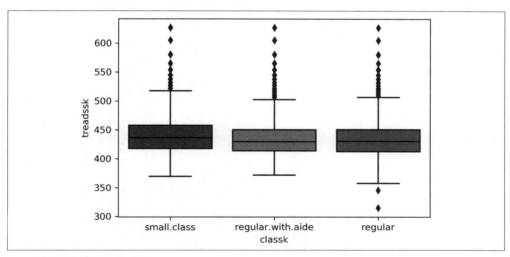

图 12-7：分组箱线图示例

现在，让我们使用 scatterplot() 函数可视化 tmathssk（沿 x 轴绘制）和 treadssk（沿 y 轴绘制）之间的关系。绘制结果如图 12-8 所示。

```
In [28]: sns.scatterplot(x='tmathssk', y='treadssk', data=star)
```

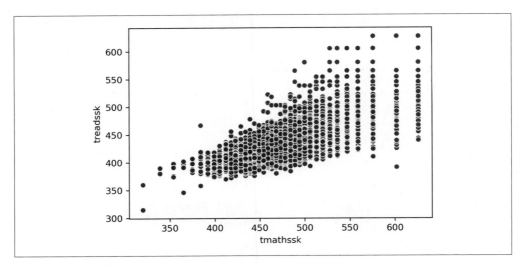

图 12-8：散点图示例

假设我们想与他人分享这张图，他们可能不知道 treadssk 和 tmathssk 的含义。通过借用 matplotlib.pyplot 的功能，我们可以为此图添加更多有用的标签。让我们再次使用 scatterplot() 函数，但这一次，我们还将调用 pyplot 中的函数来自定义 x 轴和 y 轴的标签，并为图添加标题，如图 12-9 所示。

```
In [29]: sns.scatterplot(x='tmathssk', y='treadssk', data=star)
         plt.xlabel('Math score')
         plt.ylabel('Reading score')
         plt.title('Math score versus reading score')
```

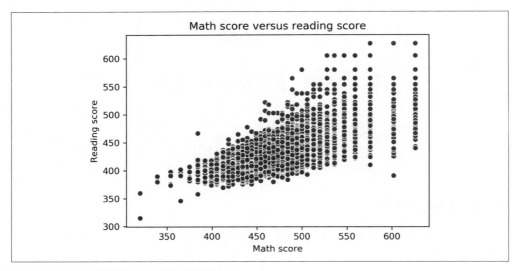

图 12-9：带有自定义轴标签和标题的散点图

seaborn 提供了许多功能，用于构建视觉上颇具吸引力的数据可视化图表。要了解更多信息，请查看它的文档。

12.6　本章小结

pandas 和 seaborn 可谓神通广大，还有很多内容值得我们探索。不过，本章足以让我们着手手头的任务：探索和检验数据中的关系。这将是第 13 章的重点。

12.7　练习

随书文件包中的 datasets 文件夹包含 census 子文件夹，其中有两个文件：census.csv 和 census-divisions.csv。将它们读入 Python 并执行以下操作。

1. 按区域升序、按分区升序并按人口数降序对数据进行排序。（需要先合并数据集才能完成此操作。）将结果写入 Excel 工作簿。
2. 从合并后的数据集中删除邮政编码（postal_code）字段。
3. 创建新列 density，并用该列表示人口数除以土地面积的计算结果。
4. 可视化 2015 年的土地面积和人口数之间的关系。
5. 计算 2015 年每个地区的总人口数。
6. 创建一张包含州名和人口数的表格，将 2010 年～ 2015 年的人口数单独保存一列。

第13章

使用Python进行数据分析

学完第 8 章后，我们运用所学的 R 技巧探索和检验了 mpg 数据集中的关系。在本章中，我们将用 Python 执行类似的操作，重点关注如何在 Python 中进行分析，而不会太关注分析原因。

在正式分析之前，我们需要导入所需的模块，其中一些对我们来说是新的：我们将从 scipy 导入 stats 子模块。为此，我们将使用 from 关键字告诉 Python 要查找哪个模块，然后使用 import 关键字选择子模块。顾名思义，我们将使用 scipy 的 stats 子模块进行统计分析。此外，我们还将使用一个名为 sklearn 的包，用于在训练集和测试集上验证模型。sklearn 已成为机器学习的主要资源，并随 Anaconda 一起安装：

```
In [1]: import pandas as pd
        import seaborn as sns
        import matplotlib.pyplot as plt
        from scipy import stats
        from sklearn import linear_model
        from sklearn import model_selection
        from sklearn import metrics
```

通过 read_csv() 的 usecols 参数，我们可以指定要读入数据框的列。

```
In [2]: mpg = pd.read_csv('datasets/mpg/mpg.csv',usecols=
        ['mpg','weight','horsepower','origin','cylinders'])
        mpg.head()

Out[2]:
     mpg  cylinders  horsepower  weight origin
0   18.0          8         130    3504    USA
```

```
1    15.0          8        165    3693    USA
2    18.0          8        150    3436    USA
3    16.0          8        150    3433    USA
4    17.0          8        140    3449    USA
```

13.1 探索性数据分析

让我们从描述性统计开始：

```
In[3]: mpg.describe()

Out[3]:
              mpg    cylinders    horsepower         weight
count  392.000000   392.000000    392.000000     392.000000
mean    23.445918     5.471939    104.469388    2977.584184
std      7.805007     1.705783     38.491160     849.402560
min      9.000000     3.000000     46.000000    1613.000000
25%     17.000000     4.000000     75.000000    2225.250000
50%     22.750000     4.000000     93.500000    2803.500000
75%     29.000000     8.000000    126.000000    3614.750000
max     46.600000     8.000000    230.000000    5140.000000
```

因为 origin 是分类变量，所以默认情况下它不会显示在 describe() 的输出结果中。我们用频率表来研究这个变量。这可以通过 pandas 函数 crosstab() 来完成。我们用 index 参数指定数据。通过将 columns 参数设置为 count，我们将获得每个级别的计数结果：

```
In [4]: pd.crosstab(index=mpg['origin'], columns='count')

Out[4]:
col_0    count
origin
Asia       79
Europe     68
USA       245
```

要制作双向频率表，我们可以将 columns 设置为另一个分类变量，如 cylinders：

```
In [5]: pd.crosstab(index=mpg['origin'], columns=mpg['cylinders'])

Out[5]:
cylinders  3   4   5   6    8
origin
Asia       4  69   0   6    0
Europe     0  61   3   4    0
USA        0  69   0  73  103
```

接下来，让我们按 origin 的每个级别获取 mpg 的描述性统计信息。为此，我们将两个方法链接在一起，然后对结果提取子集：

```
In[6]: mpg.groupby('origin').describe()['mpg']

Out[6]:
        count        mean       std   min    25%   50%     75%   max
origin
Asia     79.0   30.450633  6.090048  18.0  25.70  31.6  34.050  46.6
Europe   68.0   27.602941  6.580182  16.2  23.75  26.0  30.125  44.3
USA     245.0   20.033469  6.440384   9.0  15.00  18.5  24.000  39.0
```

我们还可以可视化 mpg 的总体分布，如图 13-1 所示。

```
In[7]: sns.displot(data=mpg, x='mpg')
```

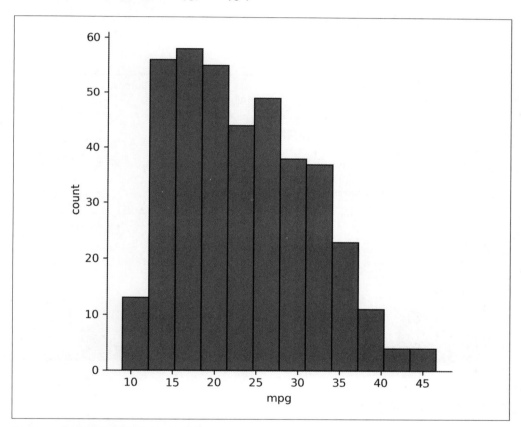

图 13-1：用直方图可视化 mpg 的总体分布

现在，我们用箱线图比较 mpg 在各个 origin 级别上的分布，如图 13-2 所示。

```
In[8]: sns.boxplot(x='origin', y='mpg', data=mpg, color='pink')
```

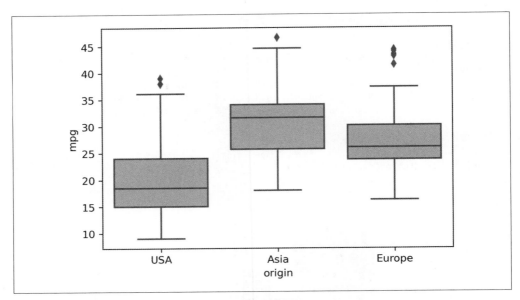

图 13-2：用箱线图比较 mpg 在各个 origin 级别上的分布

或者，我们可以将 displot() 的 col 参数设为 origin，以创建分面图，如图 13-3 所示。

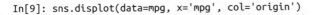

```
In[9]: sns.displot(data=mpg, x='mpg', col='origin')
```

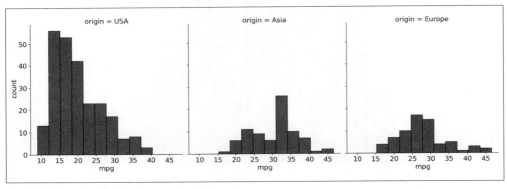

图 13-3：按 origin 创建分面图

13.2　假设检验

让我们再次检验美国汽车和欧洲汽车之间的燃油效率差异。为了便于分析，我们把每组中的观测值单独分成数据框。

```
In[10]: usa_cars = mpg[mpg['origin']=='USA']
        europe_cars = mpg[mpg['origin']=='Europe']
```

13.2.1　独立样本t检验

我们使用 scipy.stats 中的 ttest_ind() 函数来进行 t 检验。此函数需要两个 numpy 数组作为参数，pandas 的 Series 也可用：

```
In[11]: stats.ttest_ind(usa_cars['mpg'], europe_cars['mpg'])

Out[11]: Ttest_indResult(statistic=-8.534455914399228,
              pvalue=6.306531719750568e-16)
```

不过，这里的输出信息非常少：虽然它确实包含 p 值，但不包含置信区间。要获得更多 t 检验输出信息，请使用 researchpy 模块。

让我们继续分析连续变量。我们将从相关矩阵开始。可以使用 pandas 中的 corr() 方法，只包括相关变量：

```
In[12]: mpg[['mpg','horsepower','weight']].corr()

Out[12]:
                 mpg  horsepower    weight
mpg         1.000000   -0.778427 -0.832244
horsepower -0.778427    1.000000  0.864538
weight     -0.832244    0.864538  1.000000
```

接下来，我们用散点图可视化 weight 和 mpg 之间的关系，如图 13-4 所示。

```
In[13]: sns.scatterplot(x='weight', y='mpg', data=mpg)
        plt.title('Relationship between weight and mileage')
```

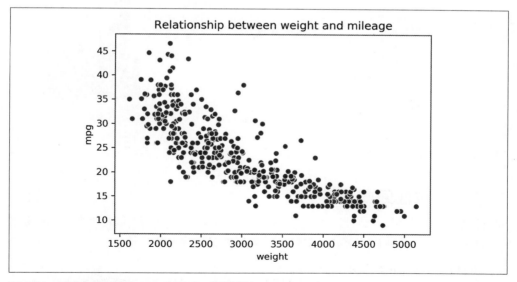

图 13-4：用散点图可视化 weight 和 mpg 之间的关系

或者，我们可以使用 seaborn 中的 pairplot() 函数为所有变量对生成散点图。每个变量的直方图显示在对角线上，如图 13-5 所示。

In[14]: sns.pairplot(mpg[['mpg','horsepower','weight']])

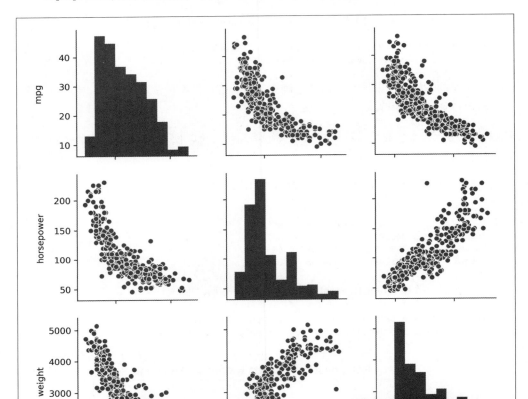

图 13-5：为所有变量对生成散点图

13.2.2 线性回归

要进行线性回归分析，我们将使用 scipy 中的 linregress()。它的参数是两个 numpy 数组或 pandas Series。我们将分别用 x 参数和 y 参数指定自变量和因变量：

```
In[15]: # weight关于mpg的线性回归
        stats.linregress(x=mpg['weight'], y=mpg['mpg'])
```

```
Out[15]: LinregressResult(slope=-0.007647342535779578,
    intercept=46.21652454901758, rvalue=-0.8322442148315754,
    pvalue=6.015296051435726e-102, stderr=0.0002579632782734318)
```

这里的输出信息仍然不全。注意，`rvalue` 是**相关系数**，而非 R 方。要获得更丰富的线性回归输出信息，请使用 statsmodels 模块。

最后，让我们将回归线叠加到散点图上。seaborn 函数 `regplot()` 可以实现这一点。和往常一样，我们将指定自变量和因变量，以及从何处获取数据。绘制结果如图 13-6 所示。

```
In[16]: # 将回归线叠加到散点图上
        sns.regplot(x='weight', y='mpg', data=mpg)
        plt.xlabel('Weight (lbs)')
        plt.ylabel('Mileage (mpg)')
        plt.title('Relationship between weight and mileage')
```

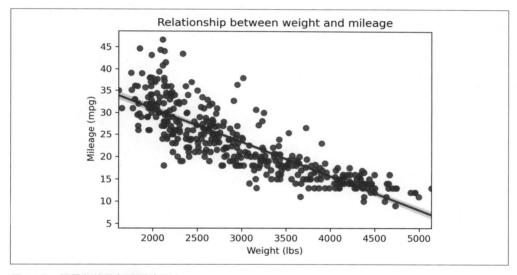

图 13-6：将回归线叠加到散点图上

13.2.3　训练集/测试集分离和验证

在第 9 章中，我们学习了在 R 中构建线性回归模型时如何生成训练集和测试集。

我们将使用 train_test_split() 函数将数据集拆分为 4 个数据框：不仅有训练集和测试集的维度，还有自变量和因变量的维度。我们将首先传入一个包含自变量的数据框，然后传入一个包含因变量的数据框。使用 random_state 参数，我们将为随机数生成器设定种子，以使此示例的结果保持一致：

```
In[17]: X_train, X_test, y_train, y_test =
        model_selection.train_test_split(mpg[['weight']], mpg[['mpg']],
        random_state=1234)
```

默认情况下，数据集以 75∶25 的比例被拆分为训练集和测试集：

```
In[18]: y_train.shape
```

```
Out[18]: (294, 1)
```

```
In[19]: y_test.shape
```

```
Out[19]: (98, 1)
```

现在，让我们将模型与训练数据进行拟合。我们首先将使用 LinearRegression() 指定线性模型，然后使用 regr.fit() 训练模型。要获取测试集的预测值，可以使用 predict()。这样做会生成一个 numpy 数组，而不是 pandas 数据框，因此无法用 head() 方法打印前几行。不过，我们可以对 numpy 数组进行切片：

```
In[20]:  # 创建线性回归对象
         regr = linear_model.LinearRegression()

         # 使用训练集训练模型
         regr.fit(X_train, y_train)

         # 使用测试集进行预测
         y_pred = regr.predict(X_test)

         # 输出前5个观测值
         y_pred[:5]
```

```
Out[20]:  array([[14.86634263],
         [23.48793632],
         [26.2781699 ],
         [27.69989655],
         [29.05319785]])
```

coef_ 属性返回测试模型的系数：

```
In[21]: regr.coef_
```

```
Out[21]: array([[-0.00760282]])
```

要获得有关模型的更多信息，如 p 值或 R 方，请尝试使用 statsmodels 模块。

接下来，我们在测试集上评估模型的性能，这次使用 sklearn 的 metrics 子模块。我们把实际值和预测值传递给 r2_score() 和 mean_squared_error()。这两个函数将分别返回 R 方和均方根误差。

```
In[22]: metrics.r2_score(y_test, y_pred)

Out[22]: 0.6811923996681357

In[23]: metrics.mean_squared_error(y_test, y_pred)

Out[23]: 21.63348076436662
```

13.3　本章小结

本章仅大致介绍了针对数据集可以进行的分析。我希望你看到自己的进步——你在使用 Python 处理数据方面已经迈出了一大步。

13.4　练习

请再花一些时间练习分析随书文件包中的 ais 数据集，这一次使用 Python。将该数据集导入 Python 并执行以下操作。你应该对这些操作得心应手了。

1. 按性别（sex）可视化红细胞计数（rcc）的分布。
2. 不同性别的红细胞计数有显著差异吗？
3. 生成此数据集中相关变量的相关矩阵。
4. 可视化身高（ht）和体重（wt）之间的关系。
5. 在 wt 上对 ht 进行回归。找到拟合回归线的方程。二者之间是否存在显著的关系？
6. 将 ais 数据集拆分为训练集和测试集，并计算模型的 R 方和均方根误差。

第 14 章
结论和展望

在前言中，我介绍了以下学习目标：

　　学完本书，你应该能够使用程序设计语言进行探索性数据分析和假设检验。

我真诚地希望你已经实现了这一目标，并且有信心继续深入探索数据分析领域。为了结束这段数据分析之旅，我想与你分享一些话题，以帮助你完善和扩展所学知识。

14.1　进一步学习的方向

第 5 章介绍了数据分析栈，其中涉及四大类软件应用程序：电子表格、数据库、商业智能平台和数据编程语言。由于关注基于统计学的分析元素，因此我们着重学习了电子表格和数据编程语言。请重温第 5 章，思考如何进一步了解数据分析栈的其他部分。

14.2　研究设计和商业实验

我们在第 3 章中了解到，良好的数据分析依赖于良好的数据收集过程。本书假设数据收集过程准确，并且所收集的数据具有代表性。我们一直在使用经过同行评审的知名数据集。因此，这是合理的假设。

然而，我们通常不能如此相信数据。在收集和分析数据之前，有必要学习研究设计和方法。这个领域非常复杂且学术化程度高，但它在商业实验领域有实际应用。请参阅 Stefan H. Thomke 的书 *Experimentation Works: The Surprising Power of Business Experiments*，了解为何及如何将合理的研究方法应用于商业领域。

14.3　进一步学习统计方法

正如第 4 章所述，我们只粗略地了解了可用的统计检验类型，其中许多基于第 3 章所述的假设检验框架。

有关其他统计方法的概念概述，请参阅 Sarah Boslaugh 所著的 *Statistics in a Nutshell (2nd Edition)*。要将这些概念应用于 R 和 Python，请参阅 Peter Bruce 等人所著的《数据科学中的实用统计学（第 2 版）》。正如书名所示，后一本书兼顾了统计学和数据科学。

14.4　数据科学和机器学习

第 5 章回顾了统计学、数据分析和数据科学之间的差异，并得出了结论：尽管在方法上存在差异，但这些领域的相通之处多于相异之处。

如果你对数据科学和机器学习非常感兴趣，那么请将学习重点放在 R 和 Python 上，还要掌握一些关于 SQL 和数据库的知识。要了解 R 在数据科学中的应用，请参阅 Hadley Wickham 和 Garrett Grolemund 所著的《R 数据科学》。对于 Python，请参阅 Aurélien Géron 所著的《机器学习实战（原书第 2 版）》。

14.5　版本控制

第 5 章还提到了再现性的重要性。让我们来看一个关键应用。我们可能遇到过类似于以下内容的一组文件：

- proposal.txt
- proposal-v2.txt
- proposal-Feb23.txt
- proposal-final.txt
- proposal-FINAL-final.txt

一个用户创建了 proposal-v2.txt，另一个用户创建了 proposal-Feb23.txt。然后，又有其他用户创建了 proposal-final.txt 和 proposal-FINAL-final.txt。我们很难判断哪一个是"主"副本，以及如何重建和迁移该副本的所有变更，同时记录贡献者及贡献内容。

版本控制系统可以派上用场。这种工具可用于跟踪项目在一段时间内的变更，包括不同用户在不同时间所做的贡献和更改。对于协作和跟踪项目修订内容而言，版本控制系统具有颠覆性意义，但其学习曲线相对陡峭。

Git 是一个占主导地位的版本控制系统，它在数据科学家、软件工程师和其他技术专业人员中非常流行。特别是，他们经常使用基于云的托管服务 GitHub 来管理 Git 项目。有关

Git 和 GitHub 的概述，请参阅 Jon Loeliger 和 Matthew McCullough 所著的《Git 版本控制管理（第 2 版）》。要了解如何将 Git 和 GitHub 与 R 和 RStudio 结合使用，请参阅在线资源"Happy Git and GitHub for the useR"。目前，Git 和其他版本控制系统在数据分析工作流中相对少见，但它们越来越受欢迎，部分原因是人们对再现性的需求不断增长。

14.6　道德准则

从记录和收集数据到分析和建模，整个过程都可能涉及道德问题。在第 3 章中，我们了解了统计偏差：特别是在机器学习环境中，模型可能以不公正或非法的方式歧视某些群体。如果数据收集过程事关个人，则应考虑个人的隐私并征得他们的同意。

在数据分析和数据科学中，人们往往不会优先考虑道德问题。所幸，这一趋势似乎正在扭转，但仍然需要得到社区的持续支持。有关如何将道德标准纳入数据工作中，请参阅 Mike Loukides 等人所著的 *Ethics and Data Science*。

14.7　勇往直前

经常有人问我，在考虑到公司需求和流行趋势的情况下，应该关注哪些工具。我的答案是：花点儿时间找到自己喜欢的工具，让兴趣塑造学习路径，而不是试图学习"下一个"伟大的工具。这些技能都很有价值。与掌握任何一种分析工具相比，更重要的是能够根据具体场景结合使用这些工具。要做到这一点，我们需要广泛了解这些工具的应用场景。记住，我们不可能样样精通。最好采用 T 形学习策略：广泛了解各种数据工具，并深入研究其中的一些工具。

14.8　告别的话

花点儿时间回顾我们在本书中所取得的成就，我们应该感到自豪。但不要犹豫，还有很多内容要学，本书只展示了冰山一角。在此，我给出本书的最后一个练习：走出去，继续学习，继续深入数据分析领域。

作者简介

乔治·芒特（George Mount） 是数据分析培训与咨询公司 Stringfest Analytics 的创始人兼首席执行官。他曾与行业领先的训练营、学习平台和实践组织合作，帮助人们提高数据分析技能。

乔治拥有美国希尔斯代尔学院经济学学士学位和美国凯斯西储大学金融和信息系统硕士学位，目前居于美国俄亥俄州克利夫兰市。

封面简介

本书封面上的鸟是北美星鸦（Clark's nutcracker，学名为 Nucifraga columbiana）。这种鸟也被称为克拉克乌鸦或啄木鸟乌鸦，可见于美国西部和加拿大西部多风地区的山巅。

北美星鸦的身体呈灰色，翅膀和尾羽则是黑白相间的。它的长锥形喙、腿和脚呈黑色，平均体长可达 11.3 英寸（约为 28.7 厘米）。北美星鸦用它长长的匕首状喙撕开松果，取出其中的大种子，然后将种子埋在森林里的储藏处，以在冬日里维持生计。尽管北美星鸦能记住大部分种子的位置，但那些被其遗忘的种子在培育新松林方面起着重要作用。北美星鸦在一季里可以储藏多达 3 万颗种子。

北美星鸦还会食用其他种子、浆果、昆虫、蜗牛、腐肉、蛋和其他鸟类的幼鸟。这种鸟在晚冬开始繁殖活动，部分原因是其种子储藏习性。它们在针叶树的水平树枝上筑巢，父母双方共同照顾幼鸟。幼鸟通常在孵化 18 ～ 21 天后离巢。

北美星鸦的受保护状态为"低危"，不过有证据表明，气候变化可能会影响这种鸟在未来的活动范围和数量。O'Reilly 图书封面上的许多动物濒临灭绝，它们都对这个世界极为重要。

本书的封面插图由 Karen Montgomery 基于 *Wood's Illustrated Natural History* 的黑白版画绘制。